イヌのきもちと病気と介護がマルわかり

イヌの看取(みと)りガイド

増補改訂版

監修／小林豊和
グラース動物病院統括院長
帝京科学大学元教授

X-Knowledge

はじめに

近年、犬の平均寿命は延び、小型犬が14歳、中・大型犬が13歳とされています。犬の高齢化は生活環境の改善、食生活の向上、獣医療の進歩などがその要因として挙げられていますが、これらは飼い主の愛犬に対する思いがもたらしたものです。より良い環境、より良い食事、寿命を延ばす医療を飼い主さんが選択することで、犬の寿命が延びたのです。

「健康寿命」という言葉が犬の世界でも使われ始めています。人の医療では、この言葉は「健康上の問題で日常生活が制限されることなく生活できる期間」と定義されています。健康寿命を延ばすことが高齢者医療の目標のひとつでもありますが、犬も同様に、「健康で長生き」が飼い主さんと獣医療従事者の永遠のテーマです。健康寿命とは身体に全く異常がない状態を指す言葉ではありません。「一病息災」と言われるように、生活習慣病をはじめとする疾病と共生しながら長生きすることが、長寿社会では当然のこととして受け入れられています。

健康寿命の維持に加えて、本書ではクオリティオブライフ（ＱＯＬ）の維持向上に着目して情報を提供しています。犬のＱＯＬを落とす病気が見つかったときから、お別れのときまでを、『看取り』の時期としました。若い頃から習慣にしたいこと、老犬のケア、病気のサイン、臨終の迎え方などを解説しています。

犬は人よりはるかに早く老いていきます。年を重ねた愛犬を想像すると、不安な気持ちになるかもしれません。衰えていく愛犬の姿に、悲しみを感じるかもしれません。介護が始まれば、先が見えない毎日に疲れることもあるでしょう。『看取り』の経験から、もう犬は飼いたくないと考える方がいらっしゃるのも事実です。

だからこそ、獣医師としてお伝えしたい智識があります。愛犬と一緒にいることが飼い主の幸せになる、ＱＯＬ ｗｉｔｈ Ｄｏｇというライフスタイルを皆さんに提唱します。終末期の不安、悲しみ、疲労感を減らし、愛犬と笑顔の日々を送れる様に備えましょう。

愛犬と出会ったばかりの方、楽しい時を過ごしている方、別れを考える様になった方。すべての飼い主と愛犬が、幸せな時間を過ごせるように、本書が少しでも役に立てば幸いです。

犬の健康を守る10の約束

1 犬は人より5倍ほど早く一生を終えることを知ってください

小・中型犬は10歳以降、大型犬は7歳以降が老犬期なの。僕との時間を大切にしてね（P18）。

2 動物病院の健康診断を定期的に受けさせてください

1年に2回は検査を受けに動物病院に連れて行ってね。自宅でできる毎日のチェックも大切だよ（P36）。

3 飲水量が増えたら、病気を疑ってください

僕がたくさん水を飲んでいると、健康だと思われてしまいがちなの。でも、水をたくさん飲むのは、病気のサインだと覚えてください（P78）。

4 おしっことうんちは健康のバロメーターであることを知ってください

おしっこが1日出なかったり、うんちが3日出なかったりするときは、すぐに病院へ連れて行ってね（P82・84）。

5 体重が変化したら病気を疑ってください

急に体重が増えたり、減ったりしたら病気の可能性があるの。すぐに病院へ連れて行ってね（P90）。

6

犬が歩いている様子も丁寧に観察してください

足を引きずっていたり、首が上下に動いているときは関節の病気の可能性が（P94・96）。
普段の様子からも異変を見つけてね。

7

スキンシップでしこりを見つけてください

優しくなでたり、ブラッシングやシャンプーをして体に触れてね。
そのときに不自然なしこりを見つけたら、すぐに病院へ連れて行ってほしいな（P102）。

8

若いときと違う行動をしてしまっても、優しく受け入れてください

長生きをしてくると、認知症の症状が出てきてしまうこともあるの。
辛いかもしれないけれど、寄り添ってケアをしてね（P114・116・118）。

9

犬の治療方針を決めるときは、獣医師からよく説明を聞いてください

僕がどんな治療を受けるかは、あなた自身に決めてほしいな。
かかりつけの動物病院ではできない治療を受けられる特殊な病院もあるから検討してね（P132・134）。

10

最期が訪れたら優しく見送ってください

僕たちが旅立つのは、あなたを悲しませるためじゃないの。
最期まで、笑顔でそばにいてください（P151）。

目次

第5章　臨終前後にしてあげられること……143

第6章　ペットロスを癒す……157

※本書は『イヌの看取りガイド』（2016年発行）を大幅に加筆・改訂したものです。

ブックデザイン：細山田デザイン事務所（米倉英弘）
組版：シナノ書籍印刷（花里敏晴）、小林沙織
編集協力：ナイスク（松尾里央、石川守延、高作真紀、
西口岳宏）
溝口弘美、金子志緒
イラスト：伊藤ハムスター
印刷・製本：シナノ書籍印刷

第1章

知っておきたい犬の一生

老化で変わる犬の身体機能

活動量も体型も少しずつ進む体の変化

年を重ねた犬は、さまざまな衰えがあらわれます。主に注意したい変化は、五感や筋肉の衰え、唾液や胃液などの分泌物の減少、関節炎の増加など。飼い主の日頃の配慮とケアが犬の寿命を延ばします。老犬が動かなくなると年齢のせいにしがちですが、実は股関節や膝蓋骨（しつがいこつ）に痛みがあることも。治療で改善する可能性があると覚えておきましょう。生活習慣病は、外見からは気づきにくいものです。定期的な健康診断を受けさせてあげましょう。

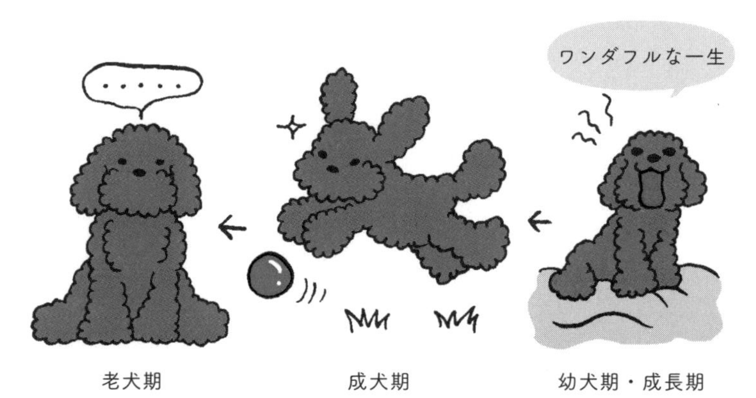

基礎代謝で摂取カロリーの約70％を消費します。老犬は基礎代謝が落ちるので、摂取カロリーを減らさなければ太りやすくなります。

免疫機能の低下

老犬は免疫機能が低下し、感染症にかかったり、腫瘍ができやすくなります。消化機能も低下するので、下痢や便秘に注意が必要です。

1 健康な状態を覚えておく

小さな変化を見逃さないよう、健康なときの状態を覚えておきます。目や口腔内の色、体表の状態、歩き方などの健康チェックを習慣にしましょう(P36)。異常が見られたら、写真や動画を撮影しておくと獣医師の診療の補助になることもあります。

2 肥満にさせない

肥満は心臓病や関節炎といった病気を引き起こすことも。老犬は太りやすくなる傾向があるので、食事には注意しましょう。

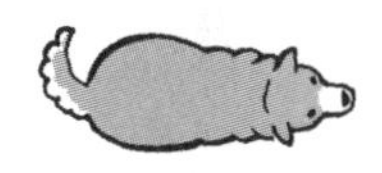

おなかがへこみ、簡単に肋骨を触れる。骨も浮き上がって見える。

腰にくびれがあり、肋骨がわずかに脂肪に覆われている。

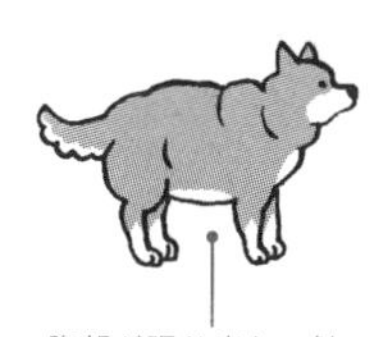

腹部が張り出し、触っても肋骨を感じることができない。横から見ると、背中が盛り上がって見える。

3 筋肉量を維持する

人を含む動物は、筋肉量の低下が体の機能に影響を及ぼし、寿命を短くすると考えられています。散歩は回数を増やし、1回の時間を短くするなど、老犬に合わせた運動で、筋肉量の維持を目指しましょう。

足腰を守る

散歩が大事とはいえ、老犬は身体機能が落ちています。散歩前には家で少し遊び、ウォーミングアップしましょう。

終末期の治療はどこまで必要？

街の動物病院でも、医療機器が充実。CTスキャンやMRIなど人と同様に高度な検査を受けられる施設もあります。

必要な情報を集めて後悔しない選択を

近年は、動物にも手厚い医療を希望する飼い主が増えています。現代では動物の医療が発展し、さまざまな治療ができるようになりました。悔いのない選択をするためには、「インフォームドコンセント」[※]が重要です。愛犬のためにも、治療方針にともなうメリットとデメリットを確認しましょう。かかりつけ医以外の獣医師に意見を聞くセカンドオピニオンを検討してもよいでしょう。後悔しないように、家族全員でしっかり相談します。

※　飼い主が獣医師から治療の説明を十分に受け、検討した上で同意すること。

1
無理のない治療の選択

治療や介護を無理なく続けるために、「労力」「時間」「治療費」のバランスを考えます。犬の負担が少ない方法を選択することも大切です。

状況を整理する

犬や飼い主、家族、お金や時間など、必要になる要素をリストアップしましょう。総合的に考えられるだけでなく、情報を整理できます。

2
高度医療も選択できる

現在は犬もCTスキャンやMRI、放射線治療など人と同じような高度医療を受けられるようになり、治療の幅が広がっています。犬にとって、最も良い方法を選べるように、獣医師の説明を受けましょう。

とことん話し合う

介護や看取りに向き合うと、不安になることも。獣医師に話し、疑問を解消するだけでも気持ちの整理がつきます。

3
治療やケアから一時的に離れることも

老犬の介護はひとりで抱え込まないようにしましょう。かかりつけの動物病院に預けたり、友人やペットシッターに世話をお願いしたりして、飼い主自身がゆっくり休む時間も必要です。

どうしても面倒を見られないときは

老犬の介護は、基本的には在宅のケアが大切です。ただし、やむを得ない理由でどうしても自宅で見られない場合は、犬の介護施設という選択もあります（P63）。

犬の平均寿命を知る

現代の犬は、人と同じく高齢化が進んでいます。飼い主の愛情と医療の進歩が長寿を支えているのです。

小型犬：トイ・プードル、チワワ、ダックスフンド、ヨークシャー・テリア、シー・ズー、ポメラニアン、パグ、パピヨンなど
中型犬：柴犬、ウェルシュ・コーギー、ビーグル、ブルドッグ、イングリッシュ・コッカー・スパニエル、ボーダー・コリーなど
大型犬：ラブラドール・レトリーバー、ゴールデン・レトリーバー、アイリッシュ・セッター、秋田犬、ジャーマン・シェパード、アフガン・ハウンドなど

小型犬は14歳 中・大型犬は13歳が平均

獣医療の発展、食事や環境の改善にともない、犬の寿命は延びています。平均寿命は小型犬が約14歳、中・大型犬が約13歳です。

老化の始まる時期は小・中型犬が10歳頃、大型犬が7歳頃です。犬種や個体差はありますが、「犬と人の年齢換算表」（P19）で目安を知っておきましょう。老化が始まっても、寿命を迎える日まで生き生きと生活を送れる期間＝健康寿命を延ばせるように、ケアをすることが大切です。

犬と人の年齢換算表

小・中型犬は10歳、大型犬は7歳を過ぎたら、終末期について考えましょう。

ライフステージ	人に換算した年齢	犬の年齢	
		小・中型犬	大型犬
幼犬期・成長期 親・きょうだいから犬社会のルールを学ぶ好奇心旺盛な時期。性成熟を迎える6ヶ月前後で去勢・避妊手術も検討しましょう。	1歳	0～1ヶ月	0～3ヶ月
	5歳	2～3ヶ月	6～9ヶ月
	9歳	6ヶ月	
	13歳	9ヶ月	1歳
成犬期 気力・体力ともに充実している時期です。年1回の健康診断は欠かさないようにしましょう。犬種によっては、遺伝的素因の病気があらわれることも。	15歳	1歳	
	24歳	2歳	2歳
	28歳	3歳	3歳
	32歳	4歳	4歳
	36歳	5歳	
	40歳	6歳	5歳
熟犬期 この頃から年2回の健康診断を。身体機能が衰え始め、太りやすくなります。	44歳	7歳	
	48歳	8歳	6歳
	52歳	9歳	7歳（シニア期）
老犬期 さまざまな病気にかかりやすくなる時期。小・中型犬、大型犬ともに「シニア」といわれ、体調を崩しやすくなります。寝たきりなど、目を離せない状況も増えるので、環境の変化や犬だけの留守番は極力控え、安全な住環境をつくりましょう。	56歳	10歳（シニア期）	
	60歳	11歳	8歳
	64歳	12歳	
	68歳	13歳	9歳
	72歳	14歳（小型犬平均寿命）	
	76歳	15歳	10歳
	80歳	16歳	
	84歳	17歳	11歳
	88歳	18歳	12歳
	92歳	19歳	
	96歳	20歳	13歳（中・大型犬平均寿命）

※犬と人の年齢換算表の出典:「獣医師広報板　平成21年度版」
※平均寿命の出典:「一般社団法人ペットフード協会　令和4年（2022年）全国犬猫飼育実態調査」

犬の健康寿命を考える

犬が年老いてくると、体の調子が悪くなるのは当たり前です。健康寿命の考え方を、もう一度見直しましょう。

歩く・食べる・トイレに行くができれば健康寿命のうち

一生が15年だとすれば、7歳で初老に差しかかるのが犬の生涯。長い折り返しで、多くの犬が何らかの不調を抱えるようになります。

例え心臓が悪くても、自分の足で歩いて、食べて、トイレに行ける犬は健康寿命のうちと言えます。人間に置きかえると、軽い認知症や、食事や入浴に補助が必要な程度なら、健康寿命と考えて良いのです。こうした、犬の健康寿命を寿命に近づけることが、私たち獣医師の目標の一つです。

聴診器だけで気づける病気もある

特に心臓病は、本格的なレントゲンや血液検査よりも前に、獣医さんの聴診器によって判明することが多いです。心臓の雑音から心不全のリスクを予想し、心不全を発症する前に進行を遅らせることができます。定期的に連れていきましょう。

1 早期発見には健康診断を習慣に

飼い主さんからは、犬の不調や病は突然訪れるように見えます。犬は病気の自覚症状を伝えてくれるわけではありませんから、中高齢に多い生活習慣病などは、日常生活からなかなか気付けないのです。さまざまな病気の早期発見には健康診断が欠かせません。人間でも犬でも、病気は早期発見が肝心。費用の面でも病気を予防し、早期に発見した方が治療の負担は少なくて済みます。

2 老犬ならではの運動方法を取り入れる

犬が長く健康で、自分の足で歩けるように、老犬に合わせた運動をしましょう。散歩コースも、アスファルトよりも柔らかい土や芝生の上を選んで歩かせたり、一度の散歩の時間を短くして、その分、回数を多くしてあげてください。運動不足によって筋力が衰えると、生活の質が落ちてしまいます。

運動の前にはマッサージ

老化によって関節の動きが悪くなったり、筋肉が強張ることがあります。特に散歩の前には、背骨や手足の骨にそって優しく撫でるなど、マッサージや関節の曲げ伸ばしを行いましょう。関節炎などがある場合は、かかりつけの獣医さんにマッサージの方法を教わると良いでしょう。

トイレをして欲しい場所に、犬のオシッコの臭いをつける

外での散歩中にトイレに行くのが習慣だった犬の場合、家の中のトイレに慣れるのには時間がかかります。ベランダなど、トイレを設置した場所に、犬のおしっこの臭いをつけたティッシュを置くなど工夫をしてみましょう。

3 トイレも再トレーニングできる

老化によっておしっこが近くなると、朝晩2回の散歩だけではおしっこが我慢できなくなります。また、足腰が弱り外での散歩が難しくなった時のために、家の中でトイレに行く練習が必要です。排泄は室外でも室内でもできるように、早めにトレーニングしておきましょう。

ストレスは長寿の敵

犬の死因に多い心臓病、腎臓病、ガンは、長寿になったからこそ発症する病気ともいえます。

ストレスと免疫力の低下を防いでご長寿犬に

かってはフィラリア症や感染症で命を落とす犬が多かったのですが、現在は駆虫薬やワクチンで予防できるようになりました。犬の健康を守るためにも、日頃から予防を徹底しましょう。

現在の主な死因は、心臓病、腎臓病、ガンです。原因は体質、遺伝、免疫力の低下、生活習慣などが挙げられます。飼い主ができることは、ストレスが少ない生活環境を用意し、免疫力の低下を防ぐ工夫です。第2章を参考に、早めに快適な環境をつくってあげましょう。

1 寿命に影響するストレス

犬の心の負担になる精神的ストレスも寿命に影響すると考えられています。生活環境や犬との接し方など、犬の精神的ストレスを少しでも軽くできるようにしましょう。

食事にも気をつける

食生活もストレスに関わります。栄養バランスを考えることは大切ですが、犬の好物をトッピングする（P44）など、食べる楽しみを満たす工夫を。

2 不慮の事故を防ぐ

室内では骨折や誤飲に注意しましょう。目の病気が原因で、ものにぶつかることもあります。犬の障害物となるものは片付けましょう。屋外では、脱走や交通事故から犬を守るためにも、必ずリードの着用を。犬の放し飼いは法律や条例により原則禁止です。

転倒を防止する

フローリングはすべりやすく危険です。コルクマットや弾力のあるフロアマットで事故を防ぎましょう。

室内飼いと外飼いでの寿命差は？

暑さ寒さを防ぎ、予防管理をきちんと行い、食事も良質であれば、外で飼われていることが寿命を短くする理由にはならないと言われています。

3 犬が落ち着ける住まい

室内・屋外飼育どちらの場合でも、犬が安らげる住まいをつくりましょう。人目につかない静かな場所がおすすめです。自由に動ける空間も必要です。

「番犬」はストレスがかかる

頻繁に見知らぬ人と遭遇する「番犬」のような飼い方は、犬にとってストレスになることも。ストレスケアには落ち着ける空間づくりが欠かせません。

犬のクオリティオブライフを考えよう

犬と人の両者が幸せに暮らせる
「クオリティオブライフ with ドッグ」
という考え方を知っておきましょう。

一緒にいることが幸せ 終末期の犬と人の関係

クオリティオブライフ（QOL）といえば、飼い主は犬のことを中心に考えがちです。老犬の長期に渡る介護や治療に必要なのは飼い主の自己犠牲ではありません。昨今、老犬の介護疲れに悩まされる飼い主もいます。必要なのは、犬と一緒にいることが人の幸せになる、「QOL with DOG」という考え方です。犬にとって飼い主の笑顔は元気の源です。今まで過ごした時間と同じように、幸せな終末期を送るために、お互いのQOLを考えましょう。

1
犬の個性を尊重する

先入観を捨てて、愛犬のやりたいことや好きなことを読み取ります。歩けなくなったら車イスを試すなど、工夫も必要です。散歩は時間を短くし、犬の歩くペースに合わせてゆっくりと歩きましょう。

異常を抱えていて当たり前

老犬になると、少しくらい体の異常を抱えていて当たり前です。愛犬が自信を失わない生活を心がけましょう。

緩和ケアの意味

緩和ケアとは、出ている症状に対する対処を優先することです。たとえば、肺のがんであれば、がん自体の治療はせず、呼吸を楽にしたり、脱水を改善したりするような治療を指します。

2
QOLを考えながら治療法を選択する

病気の治療方針はさまざま。緩和ケアを並行して選択することもできます。治療や入院の期間、在宅での治療の有無など、いろいろな方法を獣医師と相談しながら選択しましょう。

飼い主ができること

犬の一番の理解者は、長年をともにしてきた飼い主です。犬の体調や変化を獣医師に相談し、ケアの方法を判断しましょう。

獣医師にも相談を

老犬のことで不安を抱えていたら、かかりつけの獣医師にも相談してみましょう。飼い主の不安は犬にも伝わってしまいます。

3
飼い主もときどき休んだっていい

飼い主が無理せず休むことも大切です。たとえ犬に負担をかけることになっても、「ちょっとだけ我慢して」といえる相互理解の関係を築いておきましょう。

あきらめないで！　老年期こそトレーニング

昔は苦手だった「脚側歩行」などのトレーニングを通して絆を深めましましょう

トレーニングを通して信頼関係を再構築

落ち着きを身に付けた老犬だからこそ、「脚側歩行（きゃくそくほこう）」（犬が人間の横にぴったりついて歩くこと）を受け入れ、ゆったり散歩ができるようになることがあります。若い頃は難しかったことに再チャレンジしてみましょう。

トレーニングは、お互いの結びつきを強くし、信頼関係を再構築します。また、お互いの絆が深まることで、一緒にお家で過ごす時間が、さらに楽しくなりますよ。

ノーズワークで
嗅覚を使わせる

犬の鼻を使った作業や遊びがノーズワークです。犬の嗅覚は、年老いても使うことができる数少ない身体能力です。簡単なパズルから始めて、「できる！」という体験をたくさんさせてあげましょう。

1 知育玩具で脳トレ

犬用の知育玩具を使うことで、主に脳トレによる認知症防止の効果が期待できます。知育玩具の多くは、パズルの中に隠されたおやつを犬が探すものです。こうしたご褒美を用意して、積極的に遊ばせましょう。

丸めたバスタオルで
足場をつくる

砂浜などのやわらかく、不安定な地形で歩くことで、ケガを防ぎながら足腰のトレーニングができます。お家の中では、丸めたバスタオルを並べて足場をつくると良いでしょう。

2 足場の悪い上を歩かせてリハビリする

体力が落ちたり、ケガが怖くなったりすると老犬だと、外を散歩して足腰を鍛える機会は、どうしても減ってしまいます。安全に、家の中でも出来る足腰のリハビリとして、突っ張り棒で作ったポールをくぐらせたり、丸めたタオルやマットレスなど、不安定な上を歩かせると良いでしょう。

チャレンジしてくれたら
思い切り褒める

「ハイタッチ」などの遊びは、老犬との絆を深めるのにうってつけ。上手にできるようになったら、思いっきり褒めてあげましょう。

3 トレーニングで心をつなげる

「ハイタッチ」や「脚側歩行」などに再チャレンジすることは、老犬の脳と体の良い運動になるだけでなく、飼い主との絆を深めてくれます。こうした遊びやコミュニケーションが出来るようになると、老犬といっしょに楽しい時間を作ることができますよ。

「看取り(みと)ケア」をはじめる時期

看取りケアとは、生活の質を落とす病気が見つかった犬が、より快適に過ごせるようにするお世話のことです。

生活の質を落とす病気が見つかったら始める

犬は狂犬病予防注射などで毎年動物病院に行きます。特に7歳を過ぎたら、そうした機会も利用し、病気の早期発見につとめましょう。早期発見できたら、まずは治療できる病気の治療をします。生活習慣病の完治は難しいものですが、健康寿命を延ばす治療はあります。人の健康寿命とは、病気であっても人の手を借りずに生活できる期間。これは犬も同じです。生活の質を落とす病気が見つかったら、治療とともに看取りケアを始める時期です。

1
年齢よりも状態で判断する

老化の影響が出る年齢は個体差があります。愛犬の状態で判断しましょう。若く元気でいてほしいと願っていても、犬は確実に年を重ねます。老化を受け入れることも必要です。

老化を受け入れる

犬ごとに老化の進み具合は異なります。犬の状態を正しく知り、犬と少しでも長く暮らせる方法を考えます。

2
健康診断で早期発見

7歳を過ぎたら、年2回の健康診断を受けましょう。犬の生命速度は人より速く、年2回でも人に置き換えると2〜3年に1回の頻度になります。病気の進行も速いので注意しましょう。

日々の生活が健康を守る

犬の健康は毎日の積み重ねがつくります。食生活に気を配り、太らせないなど、確実に犬のためになる生活を心がけましょう。

3
老犬の病気は現状維持を目指す

中高齢で見つかる病気は、完治ではなく、現状維持を目指す治療を施すことが多いです。老犬は病気があって当然と考えましょう。上手に付き合っていくことが、看取りケアになります。

体にあらわれるサイン

毛や体型、脚、しっぽなど、部位ごとに見てわかる老化のサインがあります。抜け毛の増加、白髪、毛ヅヤがなくなる、背中が丸くなる、筋肉量が落ちる、脚が踏ん張れない、しっぽに力が入らない、しっぽを振らない、などです。

COLUMN

1 体に負担をかけないダイエット

肥満は「万病のもと」です。加齢とともに体力が低下してくる老犬は、なおさら肥満に注意が必要です。若い頃から体重管理に気をつけるのはもちろんですが、ダイエットする場合、犬の体に負担をかけないよう心がけます。

無理のない減量の目安としては、一気に減量するのではなく、1ヶ月に体重の5％以内にとどめておきます。最終目標体重に向けて、3ヶ月から6ヶ月くらい時間をかけるのが、無理のない減量といえます。食事のカロリーに気をつけるだけでなく、1日の食事量を3～6回程度に小分けにして与えると、同じカロリーでも吸収率が低くなります。また、食前には犬の体調に合わせた適度な運動も取り入れたいものです。

気をつけておきたいのが体重の単位。1kg単位で考えますが、犬は違います。例えば、体重5kgの犬にとっての100gは、体重50kgの人間の1kgと同じです。犬の場合は、50～100g単位で体重管理をしましょう。また、食事のカロリーを減らすことを考えると、食事の量も減ってしまいがちです。カロリーだけでなく、食材を変えて食事の量を減らさない工夫をしましょう。たっぷり食べられ、食事を楽しめるようにしてあげます。

第2章

自宅で行う看取(みと)りケア 

犬の苦しみをとり除く緩和ケア

命に関わる病の根治や、延命を目指した積極的な治療をせずに、体や心の辛さのケアを第一とする考え方が、緩和ケアです。

緩和ケアで、慣れ親しんだお家で看取(みと)る

犬の病気に伴う、体の痛みや苦痛を軽くすることで、残された時間を幸せに過ごせるようにするのが緩和ケアです。老犬にとっては、入院で長い間飼い主と離ればなれになるよりも、慣れ親しんだわが家で過ごす方が幸せということもあるでしょう。訪問医療や、インターネットに繋がる見守りカメラなど、普及が広がっている取り組みを生かして、お家で出来る緩和ケアの範囲を広げましょう。

1
訪問医療をしてくれる獣医さんを探そう

起き上がれなくて病院に通うのも一苦労、そんな老犬の場合は、獣医さんの訪問医療に頼ると良いでしょう。人間の高齢者にはメジャーな訪問医療サービスですが、近年では、老犬向けに訪問医療を行ってくれたり、老犬自体を専門に扱ってくれたりする獣医さんが増えてきました。かかりつけの獣医さんが、訪問医療に対応してくれるか確認してみましょう。

インターネットで気軽に相談を

訪問医療に対応した獣医さんは、ウェブや電話で予約して、所定の往診料を支払えば来てくれることが多いです。また、インターネット上には24時間対応の相談サイトもあります。不安なことがあれば、抱え込まずに相談してみましょう。

2
IoTでモニタリング、異変があったらすぐ獣医さんへ

ペット業界にも※IoTが広がり、飼い主さんが外出していても、家の中の老犬の様子を見守ることが可能になりました。ケージの近くに取り付けられる見守りカメラや、首輪として身に付けるだけで、呼吸や体温などを計測するウェアラブル端末など、新しいテクノロジーが広がっているのです。老犬の体調に異変があれば、すぐに獣医さんへ連絡できる体制を整えておくことも、"もしも" のためには大切になります。

※ 「モノのインターネット化」。スマホと接続できるペット用品も増えている。

見守りカメラはアングルに気をつけて

外出先から老犬の様子がわかる見守りカメラは便利な反面、プライバシー流出には要注意。なるべく家の中を映さないように、ケージの中だけにアングルを限定するなどの工夫をしましょう。

3
飼い主と獣医をつなぐペットシッター

緩和ケアにともなう老犬の介護を、飼い主さん1人だけで背負いこむのは負担が大きく、介護疲れにつながります。散歩やトイレのお世話などは、無理をせずにペットシッターさんの手を借りるのも良いでしょう。近年では、動物病院への受診や送迎を代行してくれるサービスもあります。飼い主さんと獣医さんの間を、ペットシッターさんが繋いでくれるのです。仕事が忙しくて、愛犬をなかなか動物病院に連れて行けない飼い主さんは検討してみましょう。

ペットホテルとのちがい

飼い主さんが愛犬を専用の宿泊施設に連れて行って預けるのがペットホテルです。慣れ親しんだ自宅で過ごせるため、ペットシッターさんの方が犬のストレスを軽減できると考えられます。とはいえ、知らない人が家にいる状況を、老犬がどう感じるかには注意しましょう。

自宅での「看取（みと）りケア」とは

老犬の暮らしは体調に合わせて変えましょう。看取りケアでは、体の残された機能を維持することが大切です。

環境を整えた介助で生活の質を保つ

中高齢の犬の病気は、身体機能が徐々に落ちていく慢性疾患（第4章）が多くなります。これらの病気は完治が難しいため、残された身体機能を維持して、上手に付き合っていくことが大切です。症状によっては食事や運動の制限が必要になるので、獣医師とよく相談しましょう。環境を整えたり、動作を介助したりすれば、愛犬の生活の質は十分保てます。自宅での看（み）取（と）りケアが幸せな時間になるように、準備しておきましょう。

1
食事、飲水を工夫する

食事は年齢や体調に合わせたものを選びましょう。加えて、食事の回数や与え方にも工夫します(P42)。飲水は新鮮な状態に保ち、犬がいつでも飲めるところに置きます。少し高い台に乗せるとより飲みやすくなります。

立ったまま食事ができない

手にのせて犬の口に運ぶ「ハンドフィーディング」がおすすめです。水はシリンジやドレッシングの容器に入れて与えます。

2
体の状態に合わせて運動を見直す

心臓病はステージによって運動制限の程度が変わります。椎間板(ついかんばん)ヘルニアは絶対安静の期間も。獣医師に適切な運動量や方法を確認しておきましょう。

体調を崩し、安静にしたあとは

絶対安静の期間が過ぎたら、獣医師と相談しながら、体にかかる負担の少ない運動を再開します。

食事と運動は毎日配慮する

運動不足で食事の栄養バランスが悪いと、筋力は短い間に低下してしまいます。どちらも短期間では改善しませんが、毎日の積み重ねが大切です。

3
快適な睡眠は寝床から

老犬は寝る時間が増えます。クッション性があるベッドや高機能マットを用意してあげたいもの。犬が寝ている場所の温度にも配慮しましょう(P40)。

ベッドは清潔を保つ

抜け毛やよだれ、皮脂などが付着することで、雑菌が繁殖しやすくなります。こまめな洗濯や取り替えで防ぎましょう。

毎日の体調チェックは怠らずに

病気の早期発見のためにも動物病院で年2回は健康診断を受け、自宅での日々のチェックも欠かせません。

「体温」「食欲」「様子」をチェックする

不調のサインに気づくには、少しの変化も見逃さないことです。特に重要なのは、体温です。不調は体温にあらわれやすいのです。感染症の初期段階では体温は上がります。心臓や血液の循環が急激に悪くなったり、脱水がひどい場合、体温は下がります。耳の付け根などの毛の生えていない部分は、犬の体温を感じやすい場所。触ることで体温の変化がわかります。また、食欲はあるか、水を飲んでいるかなど、全身の様子もよく観察しましょう。

毎日の体調チェックシート

ひとつでも当てはまる症状があれば、病院に行きましょう。

- [ ] 動きたがらない → P66
- [ ] 耳の付け根が冷たい／暖かい → P67
- [ ] 黒目や白目の色が違う → P68・70
- [ ] 鼻水や鼻血が出ている → P74・76
- [ ] 水を頻繁に飲み、おしっこをよくする → P78
- [ ] 左右対称の脱毛がある → P80
- [ ] おしっこが 1 日以上出ない → P82
- [ ] うんちが 3 日以上出ない → P84
- [ ] おしっこやうんちの色、においが普段と違う → P82・84
- [ ] 呼吸が苦しそう → P88
- [ ] 体重が 1 ケ月で 5 %増えた／減った → P90
- [ ] 歩き方がおかしい → P94
- [ ] 1 日食べない → P106

バリアフリーで快適な居住空間づくり

視力が衰えてきたら、安全・安心のためにも、部屋の家具の配置はできるだけ変えないようにしましょう。

老犬に合わせた部屋で不慮の事故を防ぐ

老犬が安心して過ごせる環境を整えることは大切です。年齢とともに体力が落ち、足腰も弱ってきます。また、認知症を発症すると徘徊するなど、若いときと違った行動をとることもあります。そのため、思わぬことで足元がすべったり、転んだり、ぶつかったりするなど、室内での事故が起こりかねません。少しの段差でも老犬にとっては障害になりえます。事故を防ぎ、可能な限り快適な空間となるよう、心がけてあげましょう。

安全・安心な部屋のつくり方

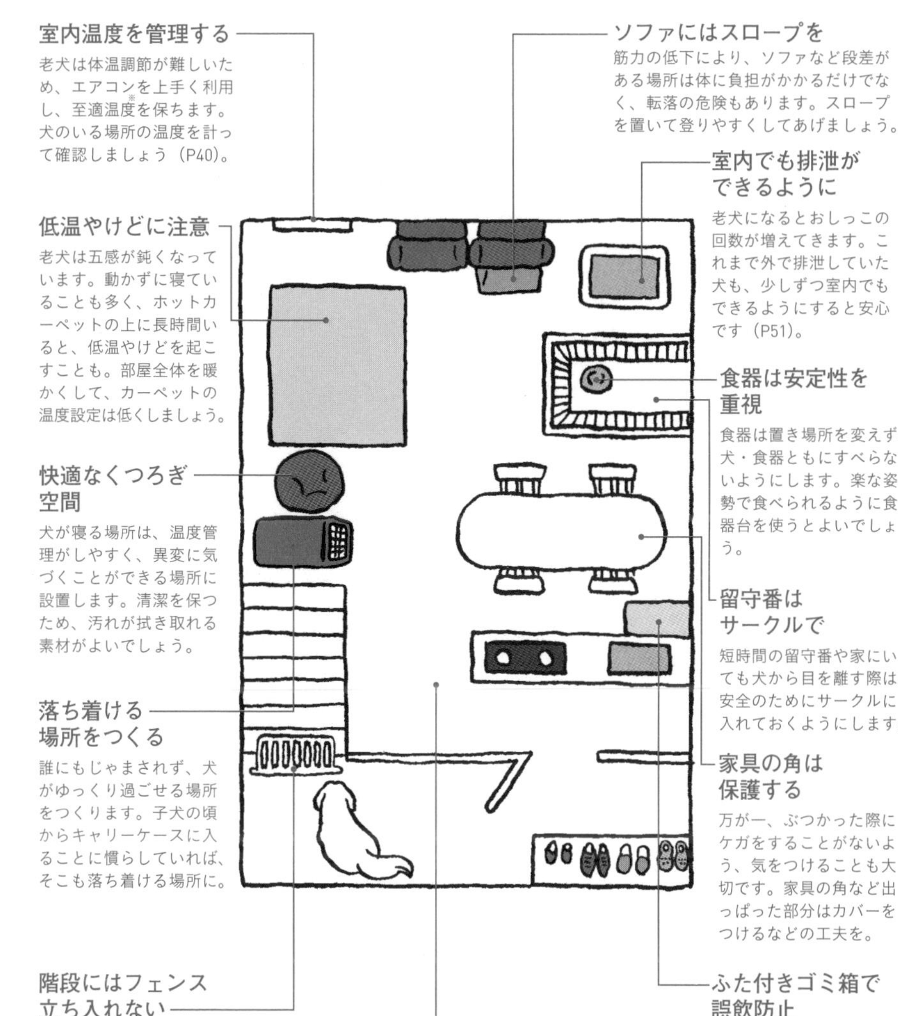

室内温度を管理する

老犬は体温調節が難しいため、エアコンを上手く利用し、至適温度※を保ちます。犬のいる場所の温度を計って確認しましょう（P40）。

低温やけどに注意

老犬は五感が鈍くなっています。動かずに寝ていることも多く、ホットカーペットの上に長時間いると、低温やけどを起こすことも。部屋全体を暖かくして、カーペットの温度設定は低くしましょう。

快適なくつろぎ空間

犬が寝る場所は、温度管理がしやすく、異変に気づくことができる場所に設置します。清潔を保つため、汚れが拭き取れる素材がよいでしょう。

落ち着ける場所をつくる

誰にもじゃまされず、犬がゆっくり過ごせる場所をつくります。子犬の頃からキャリーケースに入ることに慣らしていれば、そこも落ち着ける場所に。

ソファにはスロープを

筋力の低下により、ソファなど段差がある場所は体に負担がかかるだけでなく、転落の危険もあります。スロープを置いて登りやすくしてあげましょう。

室内でも排泄ができるように

老犬になるとおしっこの回数が増えてきます。これまで外で排泄していた犬も、少しずつ室内でもできるようにすると安心です（P51）。

食器は安定性を重視

食器は置き場所を変えず、犬・食器ともにすべらないようにします。楽な姿勢で食べられるように食器台を使うとよいでしょう。

留守番はサークルで

短時間の留守番や家にいても犬から目を離す際は、安全のためにサークルに入れておくようにします。

家具の角は保護する

万が一、ぶつかった際にケガをすることがないよう、気をつけることも大切です。家具の角など出っぱった部分はカバーをつけるなどの工夫を。

階段にはフェンス立ち入れない

若い頃は階段の上り下りができていても、筋力が低下すると転落事故の危険があります。階段の前にフェンスを置くなどして、登らせないようにします。

すべらない床材

足腰に負担をかけないために、コルクやクッション材など床材はすべらないものにします。ただし、毛足がループ状のカーペットは爪をひっかけやすいので避けましょう。

ふた付きゴミ箱で誤飲防止

認知症などで行動の変化が見られると、今までやらなかったことも起こす可能性があります。うっかり誤飲させないためにもゴミ箱はふた付きのものにします。

※　暑くも寒くもない温度のこと。

季節ごとに異なる体調管理

犬にとって快適な温度は、人と比べて低めです。人の感覚と違うと理解しておくことが大切です。

老犬は温度変化に気づきにくい

エアコンを上手く利用し、夏の暑さと冬の寒さに配慮します。老犬は、老化とともに体温の調節機能が落ちてきます。夏は25～26℃位、冬は22～23℃位を目安に調整してあげましょう。エアコンでこれらの温度設定をしても、部屋全体がその温度になっているとは限りません。普段犬がいる場所に温度計を置いておき、温度を確認することが大切です。また、冬は乾燥にも注意します。加湿器を置くなどして、湿度を50%位に保つよう心がけます。

シャワーのポイント

シャワーの温度は、32〜33℃程にします。爪を立ててゴシゴシと洗わず、指の腹でマッサージするようにしましょう。

1
熱中症の7割は家で起きる

熱中症は夏に限らず、冬の暖房やシャンプー中に起こることもあります。また、呼吸器系の病気があると、熱中症を起こしやすくなります。温度、湿度にはくれぐれも気をつけます。

2
冬は低温ヤケドに気をつける

犬は被毛におおわれ、人と皮膚の構造も違うため、低温ヤケドを起こしていても飼い主が見た目で気づきにくいものです。もし気づいたら患部を水で冷やして、すぐに動物病院へ。

家を空けるときは

暑い日にどうしても留守にしなくてはならないときは、遮光カーテンを閉め、エアコンをつけ、室温が上がらないようにします。

“半分だけ”敷く

ホットカーペットは、サークルの全体に敷かず、半分は空けておきましょう。そうすれば、暑いときに犬が移動できます。

3
夏と冬は外飼いでも中に入れる

老化や病気で体力の弱っている犬にとって、夏と冬の外気温は厳しいものです。外飼いの場合もエアコンなどで温度管理のできる室内に入れてあげましょう。

負担を減らす

外飼いの犬でも夏や冬は、暑さ寒さをしのげる玄関先などに入れるようにしましょう。暑さ寒さの負担が軽減されます。

食事の工夫で健康管理

普段の食事の水分量を増やしたり、ウェットフードに変えたりすると、老犬でも食べやすくなります。

老犬の体に合わせたひと工夫

食事の回数を増やして一回の量を少なくし、胃腸にかかる負担を減らしましょう。この食事管理の方法は、老犬にとってさまざまな効用があります。一回を少量にすることで、胃腸の負担が少なくなります。消化機能が鈍って一度に多く食べられない犬も、小分けにすれば完食でき、必要な栄養を摂取できます。

また、食事の回数を増やすと一回あたりのカロリーの吸収率が下がり、肥満の予防にもなります。

1

1日3～5回 小分けにする

食事は1日3～5回に分け、少量ずつ食べさせましょう。老犬は唾液の分泌が減り、食べ物を飲み込む嚥下力が低下します。飲み込みやすくするために、同量の水でふやかすとよいでしょう。

PM 2:00　PM 8:00

胃の病気も防ぐ

レトリーバー種やセントバーナードなどの大型犬やダックスフンドなどは、加齢によって胃拡張や胃捻転のリスクが高くなります。これらも食事を小分けにすることで防げます。

2

食器台とマットで 食べやすく

食べるスピードが落ちてきたら、楽な姿勢で食事ができる台を用意しましょう。首や足腰の負担が減り、飲み込む力が弱くなっている老犬でも食べることができます。高さは、立ったまま首を少し下げる姿勢で食べられるように調整します。足元がすべる場合はマットも敷きます。

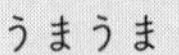

食器台の目安

食器台はメーカーによってサイズや素材に違いがあります。2,000～6,000円ほどが金額の目安のようです。

3

食欲が落ちたり 飲み込めなくなったりしたら

食欲が落ちると食器から食べなくなることも。そのような状態になったら、食事をアシストします。飲み込めないときは、食事をふやかしてマヨネーズなどの容器に入れ、飲み込ませましょう。

容器を選ぶ

専用のシリンジを使ってもよいですが、プラスチック製のやわらかいドレッシングの容器もフードを入れる口が大きく、使いやすいです。

いつもの食事＋α（プラスアルファ）で満足度アップ

1日のカロリーの8割をドッグフードにすれば、残りの2割でプラスアルファの体にいいトッピングができます。

食事の楽しみを満たしてあげる

犬の本来の食事は、獲物の肉や骨を噛み砕いて食べることです。愛犬の歯がしっかりしていて食欲があるなら、ときには噛みごたえのあるものを与えましょう。時間をかけて食べることで、満足感が得られます。

病気や老化で食べる力が衰えた犬は、噛まずに飲み込めるような小さくやわらかいものが安心です。食事を温めることで風味がアップし、食欲を促進します。犬が楽しめるように工夫してあげましょう。

1
肉や魚でたんぱく質を摂る

老犬には良質なたんぱく質が必要です。ときには鶏胸肉や赤身肉を与えましょう。1日のカロリーの2割を目安にします。煮汁と一緒にドッグフードにかけるとよく食べるようになります。腎臓の機能が低下している場合にはかかりつけ医と相談してください。

肉や魚の調理

肉は、一口大に切り、中までしっかり火が通るように多めの水で茹でます。ドッグフードの上にのせ、余ったら冷凍保存しましょう。魚は、加熱してから骨を取り除くか、圧力鍋で調理します。

2
野菜は細かくする

犬は野菜の消化が苦手なので、与えるときは細かく刻んで、煮崩す程度に加熱処理しましょう。ピューレもおすすめです。野菜は少量でもビタミンやミネラルの摂取に役立ちます。

関節のサポートにも

山芋やオクラには関節をサポートする成分が含まれています。すりおろした山芋を、茹でてみじん切りにしたオクラと和えます。ドッグフードにのせれば、関節のサポート食になります。

3
体重を維持しながら食べる楽しみを満たす

体調によってはドッグフードを食べなくなり、やせてしまうことも。栄養バランスと同時に食べる楽しみを優先し、手作り食に切り替えるのもひとつの方法です。

スープ状で食べやすく

さいの目切りした豆腐を熱湯に入れ、湯豆腐にします。そのまま溶き卵を加えたスープをドッグフードにかけます。スープ状で、老犬でも食べやすくなります。

体調が悪いときの食事の考え方

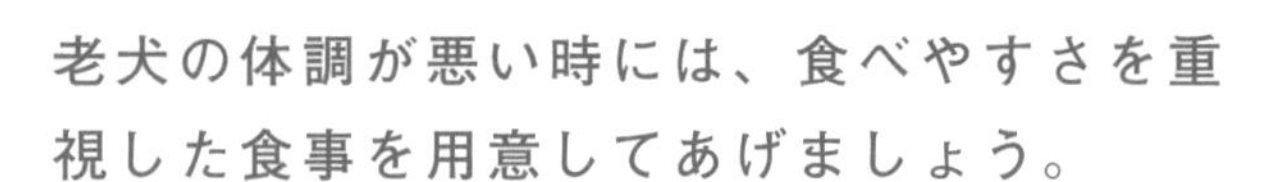
老犬の体調が悪い時には、食べやすさを重視した食事を用意してあげましょう。

ときには食べやすさを一番に

老犬の食欲が落ちているときに限っては、食べやすさが優先です。愛犬の元気がなさそうだと、当然不安になるはず。普段よりも栄養バランスにこだわりたくなる飼い主さんの気持ちは理解できますが、思い切って好きなものを与えてしまうのも一つの方法です。どうしても食欲が落ちている時には、短期間なら栄養バランスを無視しても大丈夫。また、食事の栄養だけでなく、水分補給に気をつけましょう。

電子レンジや鶏肉の煮汁を使ってみよう

ドッグフードを温めるときは、ただの水でふやかすのではなく、温めた鶏肉の煮汁をかけるなどの工夫も試してみると効果的です。普段の食事が食べられれば、それに越したことはありません。

1 ドッグフードも温めれば食べてくれるかも

普段食べているドッグフードが食べられなくなって、犬の食欲不振に気づく飼い主さんもいるのではないでしょうか。まずは、ドッグフードを温めてみましょう。「ドライフード」の場合は、水に浸してふやかした後に温めてください。「ウエットフード」の場合は、そのまま電子レンジで少し温めましょう。温めることで匂いが強くなるので、普段のドッグフードも食べてくれるかもしれません。

2 簡単な手作り食を試してみよう

ドッグフードに手をつけてくれない、食欲が落ちている老犬のために、食べやすい食事の手づくりを試してみるのも良いでしょう。さっとゆがいた鳥の笹身やじゃがいもなど、短い期間だけであれば、簡単な食事でかまいません。食材を煮込んで、おじやにしても食べやすくなります。

細かく切って食べやすく

犬の調子が良いときは、大きなものでも食いちぎって食べてくれますが、体調不良の時は食事を細かく切り分けてあげましょう。目安としては、犬が一口で食べられるサイズをで切り分けます。

ゴクゴク飲みすぎるのも要注意

飲水量が減るのはもちろん深刻ですが、反対に、明らかに飲水量が多い、食欲はなくてもお水だけは飲んでいる時は病気のサインかもしれません。この場合も、早めに獣医さんに相談しましょう。

3 水分補給が一番大切

食事よりも大切なのが水分補給です。犬の食欲がない時でも、水分は十分に取らせてあげてください。水分が補給できないと、衰弱が早まります。スープ状のご飯を用意して、食事の水分量を増やすのも有効ですが、もし水を飲む量が明らかに減っている場合には、脱水症状を起こす前に、獣医さんに相談しましょう。

新鮮な水を飲んでもらう

食事と同じように、水分の摂取も老犬には必須です。犬がいつでも水を飲める環境を整えてあげましょう。

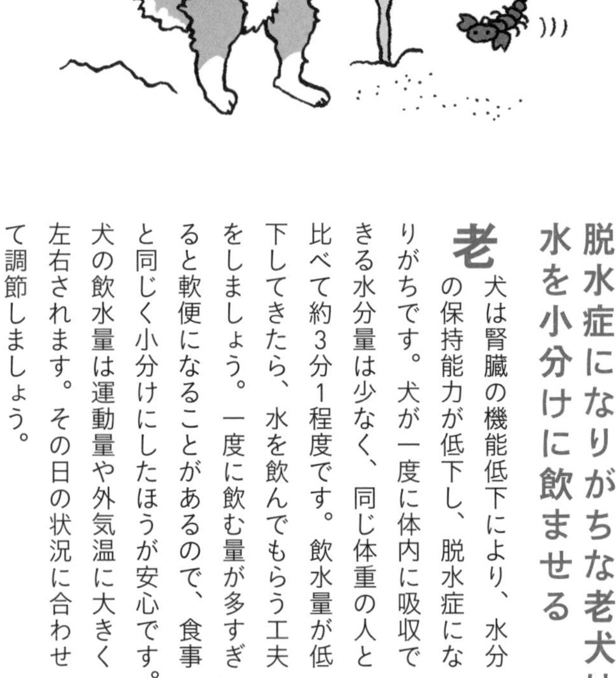

脱水症になりがちな老犬は水を小分けに飲ませる

老犬は腎臓の機能低下により、水分の保持能力が低下し、脱水症になりがちです。犬が一度に体内に吸収できる水分量は少なく、同じ体重の人と比べて約3分1程度です。飲水量が低下してきたら、水を飲んでもらう工夫をしましょう。一度に飲む量が多すぎると軟便になることがあるので、食事と同じく小分けにしたほうが安心です。犬の飲水量は運動量や外気温に大きく左右されます。その日の状況に合わせて調節しましょう。

給水器でもよい

給水器はサークルにかけることができ、飲水量も測りやすいので便利です。

1
犬が水を飲みやすい工夫

老犬は動くことがおっくうになりがち。そのため、飲水量も落ちてしまうことがあります。犬が過ごすところの近くに水の器や給水器を置き、自由に飲めるようにしましょう。

2
自力で飲めない場合はスポイトを使う

水を自力で飲めない犬は、スポイト、シリンジ、なければドレッシングの空の容器を利用します。うつぶせ、または横向けに寝かせた状態で首を支え、先端を口に入れてゆっくり飲ませましょう。

規則正しい給水

自力で水を飲めない場合は、朝、食事のあと、昼寝のあとなど、規則正しいタイミングで水を飲ませましょう。

3
味付きの水で飲水量を守る

飲水量が少ないときは、脂肪分が少ない肉の茹で汁や、ミルクを少量混ぜた水を与えましょう。食事をおじやのような状態にして、水分摂取量を増やす方法もあります。

潤いがほしいのです

老犬は口の中が乾燥する

唾液の分泌量が減少すると、口の中が乾燥し、食べ物も飲み込みにくくなります。

排泄を手助けする

排泄物の状態や回数などが、いつもと違うなと感じたら、早めに動物病院で診てもらいましょう。

排泄物の状態で健康チェック

便は「かたさ」「色」「におい」をよく観察しておきます。排泄物は食べ物と運動量によっても違いがでてきます。運動量が減ると腸の動きも弱くなるため、どうしても便秘気味になりがちです。便秘のときは積極的に水分を摂らせます。また、排泄物をチェックすることは、犬の健康状態を把握するためにも大切なことです。

排便時の犬の様子もよく見ておき、ふんばることが難しい場合は、飼い主が体を支えてあげましょう。

1 立ち上がりをサポートする

足腰が弱くなると、自力で立ち上がることが難しくなります。介助することで立ち上がることができるならば、犬の体を両手でしっかり支えてあげます。

腰を後ろから支える

飼い主が支えて排泄をさせる際は、後ろから犬の腰を支えます。排泄を犬が我慢してしまわないように工夫します。

2 排尿の状態も確認する

排尿後のトイレシートの「色」や「におい」をよく観察しておきます。外での排尿は、白のティッシュペーパーをのせてみると色がわかります。

尿の色の目安

薄い黄色が健康的な色です。オレンジや赤、茶色といった色はさまざまな病気が疑われます。尿や便の色・かたさは、P82〜85を参考にチェックしましょう。

3 外トイレの犬は少しずつトイレシートに慣れさせる

老犬は排尿の回数が増えてくるため、家でトイレができるようにしておくと安心です。トイレシートに慣らすには、おしっこのにおいをつけてみましょう。

人工芝でトイレを覚えさせる

外の地面と感触が近い人工芝をトイレシートの上に敷くとトレーニングがスムーズにできます（P100）。

シャンプーで清潔に健康管理

シャンプー剤は皮膚の状態が悪くなければ、若いときと同じものでOK。香りの強くないものを選びます。

体に触れて異変に気づく大切なスキンシップの場

全身のシャンプーは、皮膚病を起こしている場合をのぞいて、月1～2回行うのが理想的です。犬の皮膚は人よりデリケートです。あまり頻繁に洗うと、必要な脂分を取ってしまい、肌荒れを起こす原因になります。皮膚病を起こしている場合は、獣医師に相談し、指示に従いましょう。

長毛種の場合、シャンプー前に必ず毛玉を取り除いておくことが大切です。足腰が弱っている犬はシャンプー中に足元がすべらないよう注意します。

1

ブラッシングで健康な被毛に

ダブルコートの犬は、年を取ってくると換毛期に抜けた毛が残りやすくなります。ブラッシングは健康な被毛を保つ手助けになります。「ラバーブラシ※1」は、マッサージ効果がありますが、被毛を抜き過ぎることも。「スリッカー※2」は不慣れな人が使うと、皮膚を傷めてしまうこともあります。獣医師とも相談し、ブラシも愛犬に合わせて使い分けましょう。また、体表の腫瘍を見つけるのにも役立ちます(P102)。

お手入れが欠かせないダブルコートの犬

ダブルコートとは、下毛と上毛が2重になっている被毛のこと。主な犬種は柴犬、ゴールデン・レトリーバー、チワワ、コーギーなど。

※1　毛の短い犬種に適した、シリコンやゴム製のブラシ
※2　毛の長い犬種向けの、金属のピンがついたブラシ

2

犬に負担をかけないお湯とドライヤー

犬の皮膚は人と比べてデリケートにできています。お湯の温度は、人より低めの32〜33℃程にします。ドライヤーも温風ではなく送風でよく乾かします。

清潔第一

定期的なブラッシングとシャンプーで皮膚や口などのケアをしましょう。病原菌の感染予防にも効果的です。

3

状態に合わせて部分洗いにする

体力が落ちている犬は、シャンプーも負担になりかねません。そんなときは、お尻の周りなど汚れやすいところを、まめに部分洗いをします。

床にマットを敷く

シャンプー中の浴室は、床がすべりやすくなります。バスマットを敷いておくと安心です。

健康を守る基本のお手入れ

1

タオルでふきとりケア

病気を抱えていて、シャンプーが難しい場合は、お湯で濡らしたタオルで汚れを落としてあげます。拭く際は、犬にとって無理のない姿勢を保ちましょう。また、ふきとる前には必ずブラッシングしておきましょう。

鼻や口、肛門や生殖器といった「天然孔（てんねんこう）」と呼ばれる部位は特に汚れやすく、デリケートなので、ウォーターレスシャンプーを使うのもよいでしょう。

2

散歩が減ったら爪を切る

歩く量が減ると爪が伸びてきます。爪が伸びていると、どこかに引っかかるなど思わぬケガの原因に。足裏の毛も足元がすべりやすくなるため、伸びていたら切ってあげましょう。また、大型犬で爪切りを嫌がる場合は、二人一組で切りましょう。

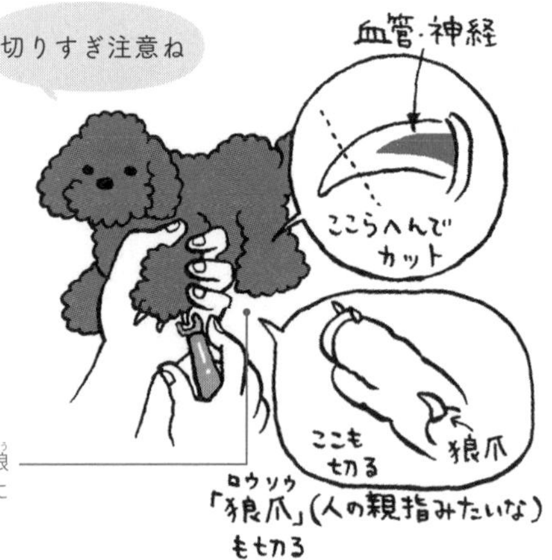

手の内側に生えている「狼爪（ろうそう）」も切りましょう。自然に削れず、爪切りが必須です。

3

肛門嚢絞りで分泌物を出す

体を動かす機会が減ると、肛門嚢※（こうもんのう）の分泌物がたまりやすくなります。定期的に肛門嚢を絞ってあげます。周りに分泌物が飛ばないように、ティッシュで包み込んで絞り、肛門や被毛に分泌物が付かないようにしましょう。上手くできなければ動物病院にお願いします。

立たせたまま、尻尾を持ち上げます。ティッシュでおおった親指と人差し指で、時計の4時と8時の位置を下から絞るようにもみ出します。

※　肛門の4時と8時の方向にある一対の小さな袋。匂いの強い分泌物を貯める。

顔の周りもいつも清潔に

1
歯みがきに慣れてもらう

若い頃から習慣にしておくことが大切です。まずは、口周りを触ることに慣れさせます。次にガーゼを巻いた指でみがきます。慣れてきたら歯ブラシを使って、と段階をふんでいきます。

歯の汚れ（歯垢）は2日で歯石に変わります。歯石は一度ついてしまうと、歯みがきで取り除けません。毎日みがく習慣をつけましょう。

2
耳垢をきれいにする

ぬるま湯か耳用の洗浄液にひたしたガーゼを指に巻き、指が入る範囲をきれいにふきます。汚れを押し込んでしまう可能性があるため、綿棒は使いません。

ケアの前に耳の中をチェックします。強い異臭や腫れなど異常があれば、中断し、獣医師に相談しましょう。

3
目やにや目の周りの汚れをとる

寝起きは目やにが多くなりがちです。散歩中も風の刺激などで涙が多く出るため、汚れていたらタオルやウェットティッシュなどで、こびりつく前にきれいにふきとります。

白目の充血や黄疸（おうだん）、黒目の濁りが見られる場合は、病気の可能性があるので、動物病院に連れて行きましょう。

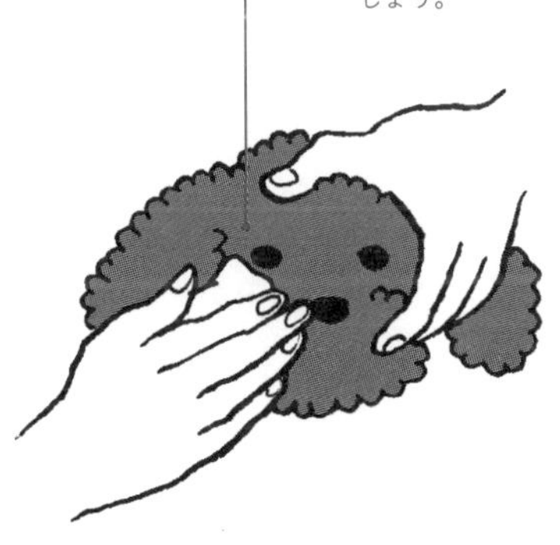

散歩は犬のペースに合わせる

適度な散歩は、ストレスを減らし、老化の進行を緩和する可能性があります。

とぼとぼゆったり
Uターン

身体機能を維持する無理のない散歩を

自分で歩ける老犬ならば、犬の状態に合わせた散歩を心がけます。若い頃に比べ、筋力が衰え、足腰も弱ってきます。それまで1日2回1時間散歩していたならば、30分を4回にするなど、回数を多めにし、1回の時間を短くする工夫を。散歩で外に出ることは、運動のためだけではなく、気分転換や脳に適度な刺激を与えることにもなります。走れるなら、少し走らせてみる。無理ならゆっくり歩かせる。決して無理させないことが大切です。

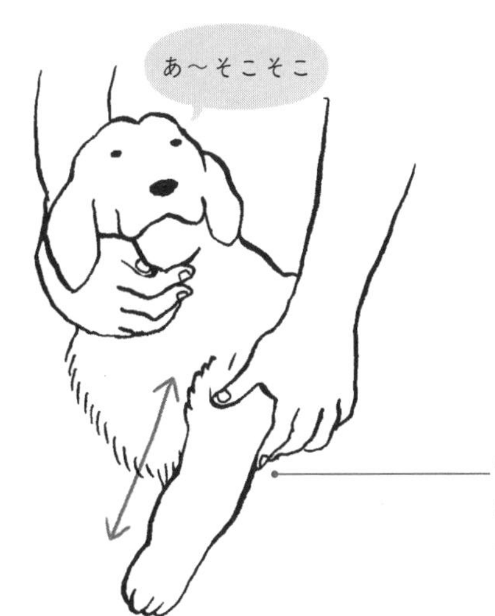

1
散歩の前にウォーミングアップ

関節がかたくなってくることがあるため、いきなり散歩に出ると体に負担がかかります。散歩の前には、犬が嫌がらない範囲で四肢すべてをゆっくりと足の曲げ伸ばしをします。

散歩で生活リズムを保つ

昼間は散歩で運動し、夜は散歩の疲れでぐっすり眠るといった習慣により、規則正しい生活リズムが保てます。

2
歩き方や呼吸に気をつける

関節炎で痛みがあったり、心肺機能が低下していると、歩き方に変化が見られたり、呼吸を苦しそうにするなどの様子が見られます。散歩中は常に犬の状態をよく見ておきます。

安全な場所で歩かせる

歩き方が不安定になってきたら、公園など安全な場所まではカートに乗せたり、抱いたりして連れて行きましょう。

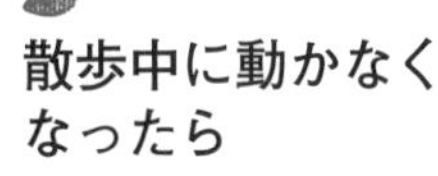

3
散歩中に動かなくなったら

痛みがあったり辛そうだったりして、途中で動かなくなったら、無理に歩かせず、抱き上げて帰宅します。病気の可能性もあるので、動物病院で診察を受けましょう。

急性期は安静に

知らぬ間に関節炎を発症していることも。急性期は安静にし、その後は獣医師の指示に従って運動を再開します。

平気っ

すみません…

歩けなくても適度な運動で機能維持

犬が痛がっていたら運動は避けます。室内で立たせる際は、床がすべらない工夫をすることも大切です。

歩けなくても外の刺激に触れさせる

歩くことは困難でも、立ち上がることができるならば、立っていられる筋力を保持してあげましょう。もし、歩くことが困難になっていても、できる限り外に連れ出してあげます。たとえ歩けなくても、犬は外出することで様々な刺激を受けます。季節ごとの風や外の匂いを感じたり、日光を浴びたり、ほかの犬に会ったり、うれしそうな表情を見せる犬は多いものです。犬の状態に合わせて外出できる工夫をしてあげます。

1 補助具を使ってみる

犬の体を支えるための補助具には、車イスや後ろ脚を支えるウォーキングベルトなどがあります。犬用車イスを利用する際は、体に合ったものを選びます。車イスの使用は獣医師と相談しましょう。犬種・大きさにもよりますが、2万円〜10万円程が金額の目安です。

寝たきりにさせない努力

短い時間でも歩かせる、または立たせるだけでも寝たきりにさせない効果はあります。散歩に行けるようであれば、犬の歩くペースに合わせ、ゆっくりと歩きましょう。

2 家でできる運動

タオルを重ね、段差をつくります。その上で足踏みさせることで、筋力を鍛えることができます。犬の状態によっては、脚を支え、補助しましょう。

ペットカートは適度な広さを

公園など犬が好きな場所まではペットカートを利用し、目的地に着いたら芝生や土に下ろしてのんびり過ごさせます。また、ペットカートは安心・安全のため、上部が閉められるタイプがおすすめです。犬種・大きさにもよりますが、1万円〜5万円程が金額の目安です。

3 専門家の指導を受けバランスボールなどを取り入れる

筋肉量維持のための効果的な運動療法として、※バランスボールやバランスディスクを使う方法があります。心臓に負担をかけることが少ないので老犬にも安心です。

明日は筋肉痛かな

運動アイテムの種類

バランスディスク以外にも、中央に穴があいたドーナッツ、卵型のエッグなどがあります。それぞれに特徴があるので、専門家の話を聞きましょう。

※　筋肉を活性化する目的で使われるエクササイズ器具。

留守番前には念入りな準備を

自分で動けて、排泄と食事ができる犬の場合、1泊2日までの留守番は可能な場合も。犬の状態を知る獣医師にも相談しましょう。

帰宅したら、必ず犬の状態をチェックする

留守番中に事故がないよう、安全な環境を整えます。仕事や用事でどうしても留守番させなければならないこともあります。犬が自分で動けるうちは、留守番中に何が起こるかわかりません。老犬になると、うっかり危険なものを誤飲・誤食してしまうことも。足腰が弱っているとすべって転倒したり、段差のある場所から転落したり、さまざまなリスクが考えられます。帰宅後は、排泄物の状態や体調に異変がないか入念にチェックしましょう。

1
水や食事を確認する

留守番中に犬がうっかりひっくり返してしまわないよう、水や食事は転倒しにくい容器に入れておきます。帰宅後はどのくらい水や食事を摂っていたかの確認を。

夏場の水には要注意

夏は水がなくなると、脱水症状を引き起こしかねません。普段より量を多めに用意してから家を出ましょう。

2
温度管理も重要

冷房暖房を上手く活用し、犬が過ごす場所の温度を適温に設定します（P40）。犬目線で考えることが大切です。

寝床の場所も考える

留守番に限らず、寝床はエアコンの風が直接当たらない場所に設置しましょう。

忘れずに最終確認

エアコンは出かける30分前くらいにスイッチを入れ、部屋で過ごしてみると冷暖房の間違いが減らせます。

3
サークルに入れて事故を防ぐ

筋力の低下や認知症などで、部屋の隙間に入って出られなくなることもあります。留守中の事故を防ぐためにも、サークルに入れておくようにしましょう。

介護施設も検討

犬の状態や飼い主の生活によっては、介護施設も検討しましょう（P63）。

介護が必要な犬の留守番

犬の状態をよく知っているかかりつけ医にも相談してみましょう。日中預かってもらえる病院もあります。

1
長時間の外出は控える

介護が必要な時期は、犬の体調がいつ急変するかわかりません。できるだけ必要のない外出は避けるようにします。留守番させる時間は短いのが理想的です。

2
1泊以上なら家族で分担やペットシッターに

家族と一緒に暮らしているなら、留守番中の世話の分担を決めておきます。ひとり暮らしであれば、経験が豊富なペットシッターにお願いする方法もあります。

ペットシッターの料金は、1回あたり3,000円前後のところが多いようです。お世話をする範囲や頭数、時間によっても変わります。

3
お部屋カメラで犬を見守る

Iotに対応したカメラを部屋に置いて、外出先からスマートフォンでチェックする方法もあります。たとえ短時間の留守番でも、犬の様子をいつでも見ることができれば安心です。

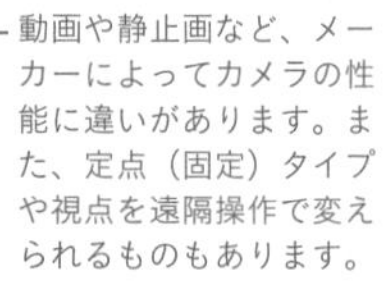
動画や静止画など、メーカーによってカメラの性能に違いがあります。また、定点（固定）タイプや視点を遠隔操作で変えられるものもあります。

介護施設という選択もある

1 日中は動物病院にあずかってもらう

動物病院によっては、犬を日中あずかってくれるところもあります。ひとり暮らしで、平日は仕事に出かけなければならない場合など、飼い主の生活スタイルに合わせて動物病院に相談してみましょう。

短時間の利用が可能な病院もあります。病院のホームページや獣医師に確認しましょう。

2 老犬ホームという選択

どうしても世話が難しい飼い主に代わって、日常の世話や介護をしてくれる「老犬ホーム」という選択肢もあります。施設の対応や料金など慎重に確認し、判断しましょう。犬種や治療費、地域によって差がありますが、1年間で40万～150万円程が料金の目安のようです。

老犬ホームには、アクセスしやすく面会に行きやすい反面、収容頭数が少ない都心型と、交通の便は悪くても、収容頭数が多く、ドッグランなどの設備も充実した郊外型があります。

3 犬と入居できる人用介護施設

飼い主側が介護施設に入らなければならない場合もあります。施設によっては犬も一緒に入居ができます。犬の大きさなど条件により入居の可否が決まるので、よく確認しましょう。

人の入居費以外に、ペットの管理費や食事代、医療費などが必要な施設もあります。施設によって違いがありますので、問い合わせてみましょう。

COLUMN 2

老犬の体に適した食材

食生活は健康や寿命に大きく影響します。年齢や体調に合わせた食材を取り入れましょう。なかでも4種類の作用がある食材がおすすめです。

①**筋肉量の維持**　良質なたんぱく質を含む肉、魚、卵を与えます。

②**関節痛の予防**　軟骨を形成する成分をプラス。グルコサミンは甲殻類の殻、コンドロイチンは納豆や海藻に含まれています。消化、吸収がしやすいように、細かく砕いたり、刻んだりするとよいでしょう。

③**腸の動きの改善**　食物繊維を与えます。これを摂るためには、野菜類やイモ類がおすすめです。腸内環境も良い状態に保てます。

④**体内の炎症の抑制と脳の活性化を促進**　不飽和脂肪酸を含むサバ、マグロ、カツオを与えましょう。

⑤**肥満予防**　摂取カロリーと消費カロリーのバランスが大切。高たんぱく低脂肪の鶏ささみや、脂肪燃焼作用が大きいラム肉、食物繊維が豊富なキノコ類、整腸作用がある豆腐なども取り入れたい食材です。健康で、おいしい食事をつくってあげましょう。

第3章

行動から病気を読み取る 

受診のサイン①

元気がない

ゆっくり進行する変化は自然な老化と思いがち。いつもと違う様子に気づいたらすぐに動物病院へ。

毎日の注意深い観察で病気の初期段階に気づく

元気がなくなるという変化は、あらゆる病気の初期段階のサインです。視力が落ちたり、失明したりしたときには、怖がって動きたがらなくなります。目、腹部、関節などに痛みがあれば、その部位をかばうような姿勢で固まっていることも。そのほか、脳疾患のサインのひとつでもあります。元気がなくなったことに気づけるのは、普段の愛犬をよく知る飼い主だけ。食事のときや散歩のときの様子を観察しましょう。

1 年齢のせいにせず原因を考える

歳を重ねれば落ち着きが出たり衰えたりするもの、という思い込みは禁物。治療で改善できる病気かもしれません。いつもと違う様子に気づいたら、早めに動物病院を受診しましょう。

年に2回は健康診断を

病気のサインは体力や食欲など、見た目で気づきやすい変化だけではありません。内臓や骨の衰えなど、外からはわかりにくい症状もあります。

2 高熱か低体温になっている

感染症が原因で高熱を出したり、不適切な環境が原因で低体温になったりします。毎日触るだけでも平熱の把握は可能。スキンシップを兼ねて習慣にしましょう。

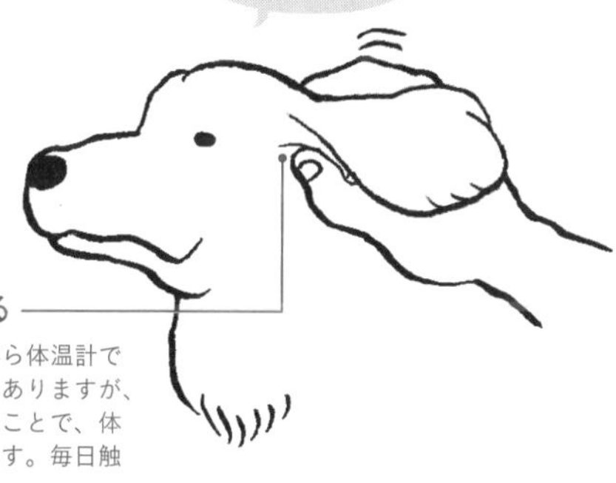

耳の付け根で体温を測る

犬の状態によっては、獣医師から体温計での体温計測を勧められることもありますが、被毛の少ない耳の付け根を触ることで、体温の高低を感じることができます。毎日触ることで変化に気づけます。

3 歩きたがらない

椎間板(ついかんばん)ヘルニアや関節疾患の初期症状は、歩きたがらないこと。また、倦怠感によって動きが鈍くなることもあります。単なる老化と間違えやすいですが、これもサインです。

加齢とともに増える関節の疾患

遺伝的に関節の形に異常があったり、老化で軟骨量が減ったりすることで、関節の疾患を発症しやすくなります。

涙の分泌量が減ったり、涙の性状が変わってくると、乾性角膜炎（ドライアイ）を発症しやすくなります。

受診のサイン②

黒目の色が違う

まずは黒目のチェックを習慣化する

黒目の中心である瞳孔には、水晶体というレンズがあります。このレンズが老化や病気によって変性すると、視力に影響を及ぼします。水晶体がすりガラスのように濁るのは「核硬化症」という症状。水晶体の老化によるもので高齢者の白髪や老犬の白毛と同じく、加齢のあらわれです。進行は比較的緩やかで、視力への影響も少ない傾向があります。似た異変を起こす病気に「白内障」があります。白内障は進行が早いので、早急に動物病院へ。

1
目をしぱしぱしている

眼球もしくは結膜に炎症が起きたり、傷がついている状態です。特に老犬は、それがドライアイによって起こりやすくなります。涙の分泌量が減ったり、粘稠率（ねんちゅうりつ）が低くなったりすることで、乾性角膜炎（ドライアイ）を引き起こします。

サインは白く濁る

黒目が白く濁っていないかも確認しましょう。白く濁っている場合、角膜炎のサインです。すぐに動物病院を受診します。

2
瞳孔がにごる

雪の結晶が増えるように白く濁っていく場合は、水晶体の病気である白内障です。糖尿病などの影響で発症する場合もあり、原因に合わせた治療が必要です。多飲多尿や食べてもやせる症状が、糖尿病のサインです。

症状が進行すると

目の色以外にも、視界が悪くなるため、ものにぶつかることが増える、物音を以前より怖がるなどの変化も、視力低下のサインです。

3
アントシアニンで進行を遅らせる

ブルーベリーに含まれるアントシアニンは抗酸化作用があり、白内障や核硬化症の進行を遅らせる効果が期待されています。サプリメントを利用してもよいでしょう。

サプリメントの種類

抗酸化物質を含むさまざまな犬用のサプリメントも販売されています。同じ成分の人用サプリメントを与えてもよいですが、その場合は含まれているほかの成分を確認しましょう。

■白内障を発症しやすい犬種：トイ・プードル、ダックスフンド、シー・ズー、マルチーズ、ミニチュア・シュナウザー、ジャック・ラッセル・テリア、キャバリア、フレンチ・ブルドッグ、ビーグル、レトリーバー種など
■乾性角膜炎を発症しやすい犬種：チワワ、シー・ズー、ミニチュア・シュナウザー、パグなど

受診のサイン③

白目や可視粘膜の色が違う

さまざまな病気の症状が目に出ることも知っておきましょう。視力の低下が原因で動かなくなることもあります。

アッカンベーで貧血、黄疸(おうだん)などの異変に気づく

犬の目は人と異なり、白目が見えづらいつくりです。また、可視粘膜(見ることができる粘膜)である目の結膜も、一見しただけではわかりません。貧血や黄疸など、全身状態の不調のサインがあらわれるので、日頃からまぶたをめくるなど、チェックする習慣をつけましょう。目にあらわれる異常は、重大な疾患が隠されているサインです。異常があらわれていると、病気が進行している恐れがあります。獣医師に相談しましょう。

1
まぶたを下げて白目をチェックする

白目と可視粘膜の色は、犬の下まぶたを「アッカンベー」するように下げて確認します。白目の充血は、結膜炎のサインです。目視で異変に気づけるところなので、定期的なチェックを習慣にしましょう。

気づきにくい視力の低下

失明していても、家具の配置などが変わらなければ失明前と同じように行動することもめずらしくありません。そのため、人と同じ感覚で見ていると、視力の低下に気づきにくいことも。

2
可視粘膜の色が違う

可視粘膜の色は健康であればピンク色です。3種類の異変を知っておきましょう。淡いピンク色は貧血、ピンク色と黄色が混じった色は黄疸（おうだん）、紫色はチアノーゼです。

疑われる病気

黄疸（おうだん）は肝臓の病気などのサインとしてあらわれます。チアノーゼは血液中の酸素量が不足した状態、呼吸器系と循環器系の疾患が疑われます。

眼圧の上昇に気づく

眼圧の上昇は、まぶたの上から目を触るとわかります。左右の目で腫れ方に差があれば要注意です。

3
目が痛そう

眼圧が上昇する緑内障の初期のサインは、目を痛そうにしていて、元気がなくなること。早めに動物病院に連れて行けば、失明を防ぐことができる場合もあります。

■緑内障を発症しやすい犬種：チワワ、シー・ズー、柴犬、ビーグルなど

受診のサイン④

目やにが出る

タバコの煙、公園の草、アレルギーのもとになる物質など、目への刺激になるものが近くにないか注意しましょう。

感染症への抵抗力や自浄作用が落ちる

目は日常生活の中でさまざまな刺激を受けます。老犬は、目のバリア機能が低下します。感染症への抵抗力が落ち、角膜炎や結膜炎を発症しやすくなります。目をしぱしぱしていたり、目やにが増えたら、これらの病気を疑いましょう。また、目の雑菌や異物を涙で洗い流す自浄作用も衰え、慢性的に角膜炎や結膜炎を発症している犬も増えます。これらの犬は分泌物が目の周りに付着することも。日常的に目の状態を確認しましょう。

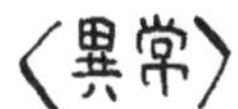

内側のしこり

まぶたの内側にしこりができると、角膜を刺激し、角膜炎の原因にもなります。大きなものは外科的な処置が必要です。全身の状態も考慮して獣医師と相談しましょう。

1
まぶたの縁にイボ状のかたまりがある

まぶたの縁にあるマイボーム腺に脂がたまってイボ状に腫れ、目やにが増える場合も。

2
目が開けられない

刺激や傷が原因で開けられなくなることも。自然に治ることもありますが、点眼薬をさせば痛みがやわらぎ、早く治せる可能性があります。

見た目でわかる異変

目をつぶっている時間が長くなったら要注意。気づいたら早めに動物病院へ。

3
就寝中にまぶたを閉じられない犬は注意

シー・ズーやパグ、フレンチ・ブルドッグなどの目が大きい犬は、寝ているときにまぶたが閉じられないため、寝起きに目やにが増え、角膜炎や結膜炎を引き起こしやすくなります。就寝時に油性の点眼薬をさし、予防します。

しっかり観察

寝ているときの目の状態も、加齢とともに変化します。観察と適切なケアを心がけましょう。

■角膜炎を発症しやすい犬種：チワワ、ダックスフンド、ヨークシャー・テリア、シー・ズー、パグなど

受診のサイン⑤ 鼻水が出る

嗅覚は視覚や聴覚よりも衰えが遅く、高齢になっても機能する大切な感覚器。異変には早めに対処します。

鼻水に色がついたら病気の疑いあり

老犬に限らず、くしゃみがよく出る場合は、感染症が疑われます。動物病院を受診しましょう。犬の鼻鏡（びきょう）（鼻の先端の色が変わっている部分）が乾いていると、発熱していることがあります。鼻腔内の粘膜は、鼻水などで潤いを保っています。鼻が長い犬種ほど鼻の内側の面積が広く、そこから鼻水が多く分泌される傾向があります。健康な犬の鼻水は無色透明で、鼻鏡（びきょう）は適度に湿っています。色や量によっては病気が疑われるので要注意です。

秘技・鼻水隠し！

鼻水に気づく

鼻を舐める以外にも、犬の鼻がいつもより濡れているときは、鼻水を疑いましょう。

1

鼻をよく舐める

感染症などで鼻水の分泌量が増えると、垂れないように頻繁に舐めとってしまう犬も。鼻水の有無よりも、舐める頻度をチェックしたほうが気づきやすいでしょう。

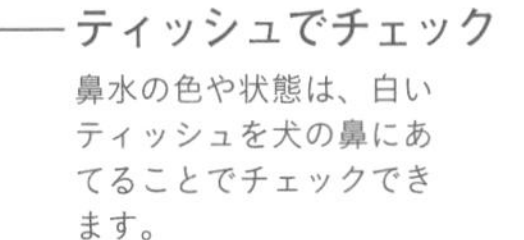

ティッシュでチェック

鼻水の色や状態は、白いティッシュを犬の鼻にあてることでチェックできます。

2

乳白色の鼻水が出る

毎日のケアのときに、鼻水の色も確認しましょう。もし乳白色に濁っていたら感染症の恐れがあります。無色透明でも通常よりも量が多ければ要注意です。

3

鼻鏡(びきょう)が乾く

老化によって鼻水の分泌量が減り、鼻鏡が乾きやすくなります。ときには発熱のため乾燥する場合も。念のため、動物病院に相談したほうが安心です。

鼻鏡周りも清潔に

分泌物が乾燥して、鼻についたままにしておくと、炎症の原因になります。湿ったタオルで拭き取り、鼻鏡の清潔を保ちます。

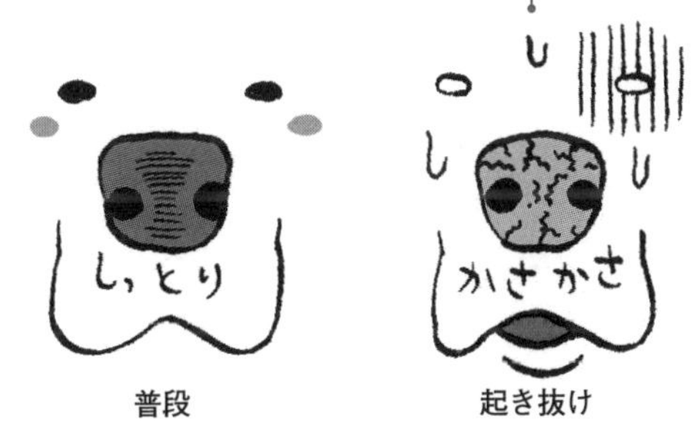

受診のサイン⑥

鼻血が出る

鼻と口は、薄い骨で分かれています。歯周病が鼻に影響を及ぼし、鼻血としてあらわれて気づくことも。

めったに出ない犬の鼻血は要注意のサイン

人は小さな刺激でも鼻血が出ますが、犬はほとんど出ません。明らかな外傷によって、鼻血が出た場合は様子を見てもよいでしょう。しかし、繰り返す鼻血は重度の病気が疑われ、注意が必要なサインです。歯周病が原因で鼻血が出ることも。歯周病は口だけでなく、全身に影響し、愛犬の生活の質を下げてしまう病気です。また、腫瘍が原因で出血することもあります。繰り返し鼻血が出るようになった場合は、すぐに動物病院を受診しましょう。

写真や動画を撮る

犬の異変をスマートフォンや携帯電話で撮影し、獣医師に見せるのも有効です。

1 どちらの穴から鼻血が出たのかを覚えておく

鼻血が出る穴は、出血の原因があるところによって変わります。動物病院で診察がスムーズに進むように、どちらか覚えておきましょう。

鼻血の原因

外傷によって、鼻血が出ることも。この場合は病気ではありません。

2 鼻血が出たら動物病院へ

鼻血を繰り返す場合は、歯周病や腫瘍の疑いが強いサイン。これらは見えにくい部分なので早期発見が難しく、鼻血が出た時点で病気が進行していることもあります。

3 床や家具についた鼻血も見逃さない

犬は鼻血が出ても舐めとってしまうことがあります。しかし、床や家具に鼻血の痕跡が残っていることも。犬の様子だけを見るのではなく、生活環境も含めて確認します。

歯周病のサイン

鼻血が症状としてあらわれる歯周病は、鼻血以外にも強い口臭やよだれの増加、歯の変色、食欲不振などの症状が見られます。

受診のサイン⑦

水を大量に飲み、尿が大量に出る

飲水量は運動量、気温、湿度などによって変わります。一週間を通して、その変化を見ておくとよいでしょう。

たくさん飲むのは健康のサインではない。

水をたくさん飲むのは健康のサインに見えます。しかし、これは腎臓機能の低下や糖尿病、クッシング症候群などさまざまな病気の症状のひとつ。このようなときは尿もたくさん出ていますが、多くの飼い主は、飲水量が増えたから排尿量が増えたと思いがち。ところが実は逆で、排尿量が増えたため、体内に水分が不足してのどが渇き、飲水量が増えるのです。病気の早期発見のために、日々の飲水量と排尿量を見ておきましょう。

1
飲水制限をしない

多飲多尿のときは、体内の水分が不足します。飲水制限はせず、自由に飲めるように工夫をしましょう。

留守番は特に多め

留守番の際は、家を空ける時間に応じて量や器を多めに用意しましょう。

2
腎臓の異常を見つけるには

近年では、早期発見ができる新しい検査方法が確立されてきました。通常の検査で異常がなくても、飲水量の変化など気になることがあれば、獣医師に相談しましょう。

治療の方針

腎臓は、異常が見つかったときにはすでに3分の2が機能していないことが多く、治療では残りの機能を維持することが目標となります。

抜け毛も合わせて確認

多飲多尿とどっぷりとしたおなか、左右対称の脱毛が見られたら、※クッシング症候群（副腎皮質機能亢進症）の可能性があります。気づいたことは獣医師に伝えられるように記録しておきましょう。

3
まずは獣医師に相談する

多飲多尿に気づいたら、獣医師に相談しましょう。主に疑われる病気は、糖尿病、腎臓病（P110）、子宮蓄膿症（P112）、クッシング症候群（副腎皮質機能亢進症）などです。多飲多尿の症状は急にあらわれることも徐々にあらわれることもあります。

■糖尿病を発症しやすい犬種：トイプードル、ダックスフンド、ヨークシャー・テリア、シー・ズー、ジャック・ラッセル・テリア、レトリーバー種など
■クッシング症候群を発症しやすい犬種：トイプードル、ダックスフンド、ポメラニアン、ヨークシャー・テリア、シー・ズー、ジャック・ラッセル・テリア、ビーグルなど

※　腎臓の上部にある副腎から、過剰にホルモンが分泌される病気。脳の下垂体が原因のことも。

受診のサイン⑧ 毛が抜ける

トリミングで毛を短くしたあと、脱毛や毛が伸びないことに気づくこともあります。

脱毛も病気のサイン 毛の抜け方をチェック

老化によって被毛にも衰えがあらわれます。毛づやが落ち、毛量が減ったり、白毛が目立ち、皮膚に弾力性がなく乾燥したり……。これらの衰えは、自然な老化のサインです。ただし、脱毛をともなう場合は病気のサインなので、適切な治療を受けましょう。毛の抜け方で原因の予測は可能です。左右対称に脱毛する場合は、甲状腺※機能低下症やクッシング症候群など内分泌の病気です。局所の脱毛は感染症の可能性が高くなります。

※　甲状腺ホルモンの分泌量が減ることにより代謝が落ち、全身に影響を及ぼす病気。

ち、ちぎってないよ……？

1
脱毛か、ちぎれているのかチェックする

精神的なストレスで、毛を舐め取ったり噛み切ったりすることもあります。毛の根元が残っていなければ脱毛を起こす病気、残っていれば心因性の可能性も考えられます。

念入りにブラッシング

加齢とともに、抜け毛が体に残りやすくなることも。春と秋の換毛期には、念入りにブラッシングをし、被毛を清潔に保ちましょう。

室内犬の換毛期

犬の換毛期は春と秋ですが、温度変化や日照時間の影響を受けにくい室内犬は、換毛期が決まっていない傾向があります。

2
悲しげな表情をしている

老犬が発症しやすい内分泌の病気が、甲状腺機能低下症です。尾がラットテール（ネズミの尾）状に脱毛することも。悲しげな表情もサインになります。

ほかのサインも知る

悲しげな表情以外に、体温の低下や無気力になるといった状態も甲状腺機能低下症のサインです。

お手入れが原因のことも

不適切なお手入れが脱毛を招くこともあります。ブラッシングに使うグルーミング用品が愛犬の毛の質と合っていない場合もあるので、獣医師に相談してみましょう。

3
原因不明の脱毛もある

年齢に関係なく起きる脱毛症の中に、「アロペシアX」があります。成長ホルモンや性ホルモンの影響といわれますが、まだ原因は明らかになっていません。

■甲状腺機能低下症を発症しやすい犬種：トイプードル、ダックスフンド、ポメラニアン、ミニチュア・シュナウザー、柴犬、ビーグル、レトリーバー種など

受診のサイン⑨

排尿に異常がある

トイレシートは薄い色を選び、尿の色を確認しましょう。排泄後はトイレシートの重さを引いて尿量を計算します。

尿閉、乏尿、頻尿の違いを知る

尿は毎日のように観察できるものなので、注意深く様子を見るようにしましょう。排尿の異常は、尿閉、乏尿、頻尿、尿漏れなどがあります。尿閉は、尿がつくられているのに出せない状態。尿結石や前立腺の異常で、尿道が塞がっている可能性があります。乏尿は尿がつくられない状態。さまざまな原因による、急性腎不全が疑われます。頻尿は排尿の姿勢をとる回数が増え、尿を少しずつ出し続ける状態。尿道や膀胱の炎症が考えられます。

1
尿の色が違う

鮮やかな赤色は、膀胱炎や膀胱の腫瘍、結石の疑いがあります。ぶどう酒のような色は、タマネギ中毒症や自己免疫性疾患など。山吹色は黄疸(おうだん)が出る病気が考えられます。

膀胱を清潔に保つ

膀胱に長く尿が溜まっていると、細菌が繁殖しやすくなります。水分を与え、いつでも排尿できる状態にして、膀胱を清潔に保ちましょう。

老犬に多い尿漏れ

老犬になると、飲水量の増加や神経の問題から、尿漏れが多くなります。老化とあきらめず、症状に気づいたら早めに動物病院へ。

2
尿が出ないときはすぐに動物病院へ

36時間以上尿を排出できないと、急性腎不全を発症し、尿毒症に陥る可能性があります。尿が出ないことに気づいたら、すぐに動物病院を受診しましょう。

3
頻尿は尿道や膀胱の炎症

このサインを見ると、尿が多いと感じる人もいれば、尿が出ないと感じる人もいます。実はどちらもトータルの量は同じ。頻度に加えて量も確認しておきましょう。頻尿は、膀胱炎や尿道炎、膀胱結石の可能性があります。

投薬はしっかりと

膀胱炎は症状が止まっても、処方された薬を決められた日数分与えましょう。自分の判断で投薬をやめず、獣医師の指示に従うことが大切です。

受診のサイン⑩

排便に異常がある

原因を知り、適度なサイクルを守る

健康な便は茶色っぽく、適度な硬さがあり、犬の体に見合った太さがあります。便の色、硬さ、頻度などの変化も受診のサインです。少なくとも1日2回は排便できるサイクルをつくってあげることも大切。健康な状態を維持するためにも必要なリズムです。3日以上便が出ないときは、動物病院へ行きましょう。便秘は運動不足や生活リズムの乱れが原因で起こることもありますが、おなかの中の腫瘍や前立腺の疾病が原因のこともあります。

消化器官以外にも、肝臓やすい臓、腎臓などが原因で下痢が続くこともあります。規則正しい生活が、規則正しい排便をもたらします。

硬さの目安

便の硬さは、手でつまめるぐらいの硬さがよいでしょう。

1 便の色、硬さをチェックする

異常がある便の色と症状は、赤色が大腸や肛門付近の出血、黒色が胃や小腸の出血、灰色がすい臓の疾患です。硬さはコロッとしたものから、やや柔らかいものまであります。

2 慢性的な下痢は獣医師に相談

一度にたくさんの水分を摂ると、下痢になることがあります。脂肪分の多い食事なども原因に。下痢の原因は、胃腸などの消化器系と、それ以外の臓器の場合があります。また、排便回数が多くなくても、やわらかい便が続く場合は獣医師に相談しましょう。すい臓の機能低下や食べ物が体質に合っていない不耐性なども考えられます。

心当たりのある下痢

食事や水分の与え過ぎなどが明らかに原因の場合は、様子を見てみましょう。異常が続くようなら、動物病院に連れて行きます。

密閉容器で持参する

便や尿、吐しゃ物は、現物を持参できれば診察に役立ちます。密閉容器に入れれば、においも気になりません。

3 便秘の原因を考える

運動量の低下も原因になることがありますが、便秘には病気が隠されていることがあるので、排便のサイクルがずれてきたら、獣医師に相談しましょう。また、食べ物に含まれる繊維質や飲水量が少ないことも便秘を招きます。寝たきりの犬が便秘になると、浣腸が必要になることもあります。

便秘を引き起こす病気

前立腺肥大や子宮の腫瘍でも、便が扁平（へんぺい）になったり、出づらくなります。

受診のサイン⑪

せきをする

犬のせきは重病の疑いが。老犬のせきは呼吸器に加えて心臓病が原因のことが多く、早めに動物病院を受診しましょう。

せきは見逃せない病気のサイン

若い頃のせきは、感染症も多いのですが、老犬のせきは心臓や肺などに重篤な病気が引き起こされている疑いがあります。特に夜間にせきが止まらないと、肺水腫を発症していることがあり、放置すると命に関わることも。早急に病院を受診しましょう。

定期的な健康診断で動物病院を受診していれば、せきが出る前に呼吸器の異常を発見できる場合もあります。早めに体重管理などを始めれば、発症を遅らせることも可能です。

1
吐きたくても吐けない様子

犬のせきは、のどに詰まったものを吐き出そうとしているように見えることがあります。嘔吐に似ているので、食道や胃腸の病気と思いがちですが、これは犬がせきこんでいる様子と知っておきましょう。

小型犬は特に注意

小型犬は遺伝的素因により、心臓の機能が悪くなりやすい傾向があります。

2
気管が弱くなったことも原因に

老化や肥満にともなって気管の壁が弱くなり、呼吸のたびに動く気管虚脱（P108）を発症する危険が高まります。

■気管虚脱を発症しやすい犬種：トイプードル、チワワ、ポメラニアン、ヨークシャー・テリア、シー・ズー、パピヨン、マルチーズ、パグなど

肥満にも気をつける

肥満の犬は症状が重篤になりやすい傾向にあります。肥満は心臓病の原因になるので、普段の食事や運動にも気をつけましょう。

3
食べ物が気管に入ってしまうことも

寝たきりの犬は、食べ物が食道ではなく気管に落ちて肺に入り、誤嚥性肺炎（ごえんせいはいえん）を起こす可能性があります。食事のときは、頭を高くして与える、完全に飲み込むのを待ってから次の一口分を与えるなども病気の予防になります。

鼻水の色

せきと一緒に鼻水が出ているときは色を確認します。動物病院を受診した際はP74を参考に、鼻水の色や状態を獣医師に伝えましょう。

受診のサイン⑫

呼吸が苦しそう

呼吸器や心臓に負担がかかりやすい犬種もいます。動物病院に相談し、病気の進行を遅らせる対策をとります。

肥満が症状を悪化させる呼吸器と心臓の病気

ハアハアという荒い息は、呼吸器だけでなく、実は心臓の病気が原因のこともあります。呼吸に影響する3つの原因を知っておきましょう。①空気の取込口や通り道の気道の異常、②酸素を取り込む肺の問題、③酸素を全身に送る心臓や血管の異常です。これらは複合的に起きるケースが多く、肥満などが症状を重くします。進行状態により、運動制限や酸素室の設置が必要になることも。これらの症状と長く付き合う工夫をします。

1 チアノーゼなら運動量に注意する

運動や興奮によって呼吸が速くなり、可視粘膜の舌や結膜が紫色になることがあります。

危険な状態

血液中の酸素量が不足し、可視粘膜が紫色になる症状。チアノーゼを起こしているときは危険な状態なので、動物病院に連れて行きます。

2 口を開けて呼吸している

犬は鼻で呼吸する動物ですが、苦しいときには口でも呼吸します。運動後であれば一時的に開口呼吸になりますが、そうでなければ心臓などの病気が疑われます。

楽な姿勢で病院へ

苦しそうに呼吸をする犬を病院に連れていくときは、キャリーケースに入れ、楽な姿勢をとれる状態で運びます。寝かせたり、抱いたりすると、より呼吸しにくくなることも。

息苦しさのサイン

口呼吸や深呼吸以外に、あごを前に突き出し、前肢を開いて胸を広げて座る「犬座姿勢」を続けているのも、息苦しさを感じているサインです。

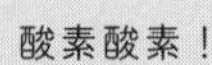

3 一生懸命呼吸をしている

息を強く吸おうとする努力呼吸を繰り返す場合は、肺に空気がなかなか吸い込めない状態。鼻や気管をふさぐような異変が起きている可能性があり、注意が必要です。

受診のサイン⑬
体重が増えた、減った

体重は、食事のカロリーと消費カロリーでバランスが保たれています。急激な体重の増減には病気が隠されていることも。

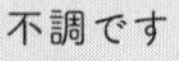

健康寿命を延ばすには適正体重を維持すること

急に体重が変化したら、注意が必要です。摂取カロリーが同じでも、老化によって基礎代謝や活動量が落ちれば体重は増えます。短期間に体重が増えた場合、甲状腺機能低下症のような病気の可能性も。こうしたときに、ダイエットはすべきではありません。

適切な食事を与えられているにもかかわらず、体重が減少するときには、体内の腫瘍や糖尿病なども疑われます。慢性的な下痢や嘔吐が続いていても体重は減少します。

病気が原因のことも

カロリーが適切であれば、肝機能や腎機能が低下したり、体内の悪性の腫瘍や糖尿病のような病気が代謝に影響していることも考えられます。

1

食べているのに体重が減る

下痢や嘔吐が見られない場合は、食事のカロリーを見直します。食べているのに、体重が減っている場合、運動や環境で消費するカロリーと食事で摂取するカロリーが合っていないことも。必要以上にヘルシーな食事になり過ぎている可能性もあります。

2

無気力で悲しげな表情をする

甲状腺機能低下症を発症すると、基礎代謝が下がります。発症前と食事量が変わらなければ、体重が増えます。無気力で悲しげな表情もサインに。適切な投薬で改善が可能です。

「老化のせい」と思い込まない

甲状腺機能低下症のサインの無気力な表情は、元気がないように見え、老化のせいだと思われがちです。老犬のケアは先入観を捨て、異変に敏感になりましょう。

3

生活環境を整える

寒い季節には、エネルギーを燃焼して体温を保ちます。特に屋外飼育の犬は、冬にやせてしまうことも。犬の負担を考えて、食事量を調整するのと同時に犬があたたかく過ごせる環境を整えましょう。

夏も室内に

冬だけでなく、暑さが厳しい夏も食欲が低下するので室内に入れてあげられるように、工夫しましょう。

受診のサイン⑭

おなかがふくれている

胃捻転はただちに命に関わります。吐きたくても吐けない様子もサインのひとつ。動物病院をすぐ受診しましょう。

肥満とは限らない おなかのふくらみ

おなかのふくらみには、病気がひそんでいます。おなかに水が溜まる腹水は、腹腔内の腫瘍の可能性があります。急激におなかがふくらんできた場合は、胃拡張と胃捻転です。ただちに病院を受診しましょう。老犬に多い副腎皮質機能亢進症では、筋肉が減って脂肪がつきやすくなります。四肢が細くなり、おなかだけふくらむ体型がサインです。食事量による肥満と、病気によるおなかのふくらみの違いを知り、見逃さないようにしましょう。

1 腹水かどうか触って確かめる

心臓病、肝臓の問題、腹腔内の腫瘍などが原因で、腹水が溜まります。腹水が溜まったおなかは、触るとタプンとした波動感があります。肥満の犬はわかりづらいので、念入りに触りましょう。

腹水をたしかめる

腹水が溜まっているか判断するには、まず手のひらをおなかの片側にあてます。腹水がたまっている場合、もう片側を軽く叩くと、波打つような感覚が伝わります。

2 定期的に健康診断

腹腔内の腫瘍は体表の腫瘍と違い、飼い主が気づくことができません。早期発見のためにも、健康診断を受けましょう。

超音波が有効

レントゲンでも気づきにくい腫瘍には、超音波による検査が有効です。

3 おなかのふくらみを肥満と決めつけない

副腎皮質機能亢進症や甲状腺機能低下症の場合、ダイエットは禁物です。体重が増えても安易に肥満と思わず、動物病院を受診することが大切です。無闇なダイエットは控えます。

病気による肥満

代謝低下や食べ過ぎが原因の肥満を「単純性肥満」といい、病気が原因の肥満を「症候性肥満」といいます。

■胃捻転を発症しやすい犬種：レトリーバー種、ボーダー・コリー、ジャーマン・シェパード・ドッグなど

受診のサイン⑮

歩き方に異常がある

去勢手術をしていないオスは、前立腺肥大の痛みや違和感で、歩き方に異常があらわれることもあります。

痛む足をかばう歩き方は首と腰でチェック

犬が関節の痛みを訴えるしぐさを知っておきましょう。足を上げたり引きずったりするしぐさには、すぐに気づけるはずです。犬は四肢で歩く動物なので、一部の肢に少々痛みがあっても、ほかの足でかばいながら歩けることも。首と腰の上下動にも注目すると、異常が発見しやすくなります。痛みがないほうの足を踏み込んだときには、首と腰が沈みます。反対に痛みがある足を踏み込んだときには、痛みをかばうため、首と腰が浮きます。

1 運動を制限して安静にする

関節炎や変形性脊椎症は老犬によく見られる病気です。発症直後は、運動を制限しましょう。

肥満で悪化

肥満によって、体への負荷が重くなると、症状も悪化します。また、犬種によっては遺伝的な関節疾患を持っていることが多く、老犬になると関節炎を発症しやすくなります。

2 急に後ろ足を痛がる

後ろ足の前十字靭帯断裂が起きると、急激な痛みで後ろ足を上げたままになります。高齢の大型犬によく見られ、治りにくい傾向があります。

肥満も原因に

加齢とともに、肥満も靭帯が断裂しやすくなる原因になります。食事を調整し、体重をコントロールしましょう。

くびれじゃ
ありません

3 お尻の筋肉が少なくなる

ゴールデン・レトリーバー、ラブラドール・レトリーバー、シェパードなどの大型犬に多い股関節形成不全は、前足に体重をかけて後ろ足をかばうように歩きます。その結果、お尻の筋肉が落ち、歩幅が狭くなります。

■変形性脊椎症を発症しやすい犬種：ダックスフンド、ウェルシュ・コーギー、ビーグルなど
■股関節形成不全を発症しやすい犬種：レトリーバー種、ブルドッグ、バーニーズ・マウンテン・ドッグなど

サプリメントも利用する

関節の保護には、コンドロイチンなどのサプリメントを試してみましょう。また、筋肉量を落としてしまうと寝たきりになる可能性があるので、定期的な運動を続けましょう。

受診のサイン⑯

背中を痛がる

椎間板ヘルニアは、家庭内の事故が引き金となるケースが多く見られます。段差の解消など生活環境に配慮しましょう。

まず安静、そして生活環境を見直す

犬が背中を痛がる場合、もっとも推測される病気が椎間板ヘルニア※です。特に老犬は筋力が衰え、発症率が高くなります。主なサインは、動きたがらない、痛みを訴える、体に麻痺が起きるなど。安静にして動物病院に行きましょう。

椎間板ヘルニアは、室内のフローリングですべったり、ソファから落ちたりすることがきっかけで発症することもあります。バリアフリー（P38）の環境を整えて、安全な生活環境をつくりましょう。

※　背骨を構成する椎骨の間にある椎間板が硬化突出し、脊髄を圧迫する病気。

1
家の中の事故を防ぐ

室内はものが多くあるため、事故が発生しやすいです。もし犬が動き回るなら、サークルの中で休ませたほうが安心です。

階段も注意

階段の上り下りは、椎間板ヘルニアの原因になります。階段の入り口に柵を置き、上り下りさせないようにしましょう。

2
運動を控え安静にする

椎間板ヘルニアの発症が疑われるときには、まずは運動を控えます。手術が必要なこともありますが、老犬では全身状態を考慮したうえ、治療方針を決めます。背中を痛がる病気は、ヘルニア以外にも変形性脊椎症、脊椎内腫瘍などがあります。

ダックスやコーギー以外も

ダックスフンドやコーギーは椎間板ヘルニアを発症しやすい犬種ですが、それ以外の犬種も生活環境によっては、発症する恐れがあります。

歩行の異変は生活の質に影響

背中の異変により、歩行に影響が出ると、生活の質が著しく低下してしまいます。歩き方は普段から注意深く観察しましょう。

3
足を引きずるのも背中の異常

後ろ足の甲を引きずる場合は、足の痛みではなく、椎間板ヘルニアや変形性脊椎症といった背中の異常により、神経が足まで通っていない状態です。人も犬も固有位置感覚があり、本来の自分の足の向きを感知できますが、それができない状態になっています。

■椎間板ヘルニアを発症しやすい犬種：トイプードル、ダックスフンド、シー・ズー、パピヨン、柴犬、ウェルシュ・コーギー、ビーグルなど

受診のサイン⑰

肛門に異常がある

オスの肛門周りの異常は、去勢手術によって予防できるものも。獣医師に相談して検討しましょう。

お尻をこすりつけたり便が出づらくなる

お尻をこすりつけるしぐさが見られたら、肛門嚢炎(こうもんのうえん)の可能性があります。老犬は肛門嚢からの分泌物が排出しづらくなり、発症リスクが高まります。未去勢のオスは、肛門周囲腺腫の発症率が高く、排便時に痛がる様子があれば、肛門腺や前立腺の腫瘍かもしれません。肛門腺がんはメスにも見られます。肛門の周りがふくれて、便や尿が出にくい場合は、会陰(えいん)ヘルニアが疑われます。肛門周囲の筋肉が破れて直腸や膀胱が出てしまう症状です。

受診のサイン番外
犬種別かかりやすい病気

犬種別に、本書で紹介する病気のかかりやすさを紹介します。健康管理に役立てましょう。

	犬種	膝蓋骨脱臼	白内障	緑内障	乾性角膜炎	気管虚脱	心不全	クッシング症候群	糖尿病	甲状腺機能低下症	椎間板ヘルニア
小型犬	トイ・プードル	○	○			○	○	○	○	○	○
	チワワ	○		○	○	○	○				
	ダックスフンド		○					○	○	○	○
	ポメラニアン	○				○	○	○		○	
	ヨークシャー・テリア	○				○	○	○	○		
	シー・ズー		○	○	○	○	○	○			○
	パピヨン	○				○					○
	マルチーズ	○	○			○	○		○		
	ミニチュア・シュナウザー		○		○				○	○	
	パグ	○			○	○					
	ジャック・ラッセル・テリア		○					○	○		
	キャバリア		○				○				
中型犬	柴犬			○						○	○
	フレンチ・ブルドッグ		○				○				
	ウェルシュ・コーギー										○
	ビーグル		○	○				○		○	○
大型犬	レトリーバー種		○						○	○	

COLUMN
3
老犬のトイレトレーニング

屋外のトイレが習慣の犬は、老後のことを考えて室内のトイレもトレーニングしておくとよいでしょう。泌尿器系の病気のリスクも減らせます。トイレトレーニングは、排泄の号令を教えることが基本。ベランダで排泄できるだけでも十分です。室内トイレを覚えさせるときは、トイレシートの上に人工芝を置けば、足もとの感触でトイレの場所を早く覚え、成功率がアップすることも。人工芝は尿のはねを防ぎ、犬の足が濡れないことも長所です。

①屋外のよく排泄する場所に人工芝を敷き、リードを短く持って待ち、排泄ができたらほめます。これを繰り返して人工芝での排泄を教えます。②自宅の前や庭に人工芝を敷き、同様に教えます。③室内にある屋外に近いスペース（ベランダや窓の近くなど）に人工芝と、その下にトイレシートを敷き、犬が排泄しやすいとき（食後や散歩前など）に、同様に教えます。④室内の希望の場所にトイレトレーとトイレシートを設置。上に人工芝を敷き、同様に教えます。⑤室内で排泄の④が成功したらリードをはずします。自主的に排泄しない場合は④に戻り、排泄しやすいときに誘導して練習しましょう。

第4章

終末期の犬に多い症状とケア

病気と向き合う①

体表の腫瘍への対処法

腫瘍は良性と悪性があります。悪性のものは急速に大きくなり、全身に転移することもあります。早期の発見を。

スキンシップで早期発見する

体表の腫瘍は腫瘍の中では見つけやすいものです。毎日のスキンシップで発見することもめずらしくありません。リンパ節にできるリンパ腫、メスなら乳腺腫瘍、オスなら肛門周囲腺腫、精巣腫瘍などがあります。腫瘍の初期症状では痛みは少なく、進行して大きくなるにつれ、周りの血管や神経を圧迫し、痛みをともなうことがあります。口の中にもできることがあるので、体のすみずみまでよくチェックしておきましょう。

1 切除や投薬で治療する

手術、抗がん剤治療、放射線治療などで治療します。腫瘍がどこにできたか、大きさ、良性か悪性なのかなど、状態に合わせて獣医師に治療方法を確認しましょう。

小さなしこりも見逃さない

小さなしこりでも、悪性であれば短期間に大きくなることがあります。全身に転移することもあるので、早めに動物病院に連れて行きます。

2 去勢・避妊手術で予防する

メス特有の乳腺腫瘍、オス特有の肛門周囲腺腫、精巣腫瘍は、高齢になるにつれ、発症しやすいもの。若いうちに去勢・避妊手術を行うことで予防が可能です。

乳腺腫瘍を予防する

乳腺腫瘍の予防には、初回発情前の避妊手術がもっとも有効な方法です。

3 遺伝的に発症リスクが高いといわれている犬種

ゴールデン・レトリーバー、ラブラドール・レトリーバー、フレンチ・ブルドッグ、ミニチュア・シュナウザー、パグなどの犬種は、ほかの犬種より発症リスクが高いため、入念にチェックを。

見分けができない

腫瘍は見たり、触ったりするだけでは良性か悪性かの区別ができません。悪性の場合は、しこりが早く大きくなる傾向にあります。

病気と向き合う②

関節の病気への対処法

日頃から歩き方など、動きにおかしいところがないかよく観察し、早めに異変に気づいてあげましょう。

太らせず、生活環境に配慮する

加齢にともない関節の病気が増えます。ひじやひざ、股関節などに痛みが出る変形性関節症や、背骨を構成している椎骨が変形し、痛みを出す変形性脊椎症※1などがあります。膝蓋骨脱臼や股関節形成不全※2を生まれながらに持っている犬もいます。これらの疾病を持っている犬は、その部位が老犬になると関節炎に移行しやすく、肥満も症状を悪化させる一因となります。また、予防には関節に負担をかけないような住環境づくりも大切です。

※1　加齢によって脊椎の形が変化し、痛みを発する。まれに脊髄を圧迫する。
※2　太ももの骨と骨盤を結合する股関節の形が先天的に異常な状態。

1 症状によっては積極的な疼痛緩和を

激しい痛みを訴えているときには、絶対安静が必要です。投薬で疼痛緩和をうながします。痛みが取れたら、獣医師の指示に従って、機能回復のために運動を徐々に再開しましょう。

ストレッチで気づく

屈伸やストレッチの際に、関節から音が聞こえたり、痛みがあるようなら早めに動物病院に連れて行きましょう。

2 通院はキャリーで負担をかけない

動物病院へ行く際に、抱っこしていると関節や背中に負担をかけることもあります。キャリーバッグに入れて連れて行くようにしましょう。

飼い主の配慮で悪化を防ぐ

食事、生活環境など、関節の病気は飼い主の配慮で発症や悪化を防ぐ努力をしましょう。予防に努め、愛犬の生活の質を維持しましょう。

3 投薬、環境を変えて治療する

激しい痛みがあれば、消炎鎮痛剤の投与など、状態に合わせて治療し、サプリメントを使う場合もあります。また、室内の段差にも気をつけ、足元がすべらないようにするなど環境も見直しましょう。

若いモンとは違うのよ

転倒注意

ソファにつけるスロープもすべりにくい素材のものを選びましょう。犬の状態によっては傾斜が緩やかなものがよいことも。

■膝蓋骨脱臼を発症しやすい犬種：トイプードル、チワワ、ポメラニアン、 ヨークシャー・テリア、パピヨン、マルチーズ、パグなど

病気と向き合う③

消化器の病気への対処法

病気によっては腹膜炎を引き起こし、ただちに命に関わることもあります。急激に元気がなくなった際は要注意を。

食欲不振、下痢、嘔吐は早期に対処

加齢によって消化液の分泌が低下し、胃腸の活動も弱まります。食べ過ぎや脂肪分の多い食事などは若いとき以上に胃腸に負担をかけ、下痢や嘔吐を起こしやすくなります。注意したい消化器の病気には、すい炎、胃腸炎、胃拡張・胃捻転（いねんてん）症候群、胆泥症（たんでいしょう）※などがあります。病気によっては慢性的になっている場合もありますが、急性の場合は早めの対処が必要です。特に高齢犬は急速に体力が低下するため、命に関わることにもなりかねません。

※　胆汁が変性して泥状になり、胆のう内に溜まる病気。

1 痛みのサインに注意する

背中を丸めてうずくまっていたら、おなかに強い痛みを感じているサイン。また、じっと動かず歩きたがらなかったり、突然ぐったりしていたら、早めに動物病院へ。

プレイのポーズ

おなかに痛みがある犬は、宗教儀式の祈り（pray）のような姿勢をとることがあります。サインとして覚えておきましょう。

2 吐きたくても吐けない症状はすぐに動物病院へ

胃捻転を起こしていると、吐きたくても吐けない症状が見られます。胃捻転は救急疾患のため、早めに対処しないと24時間以内に命を落とす恐れがあります。

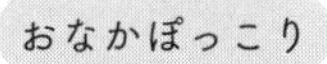

大型犬に多い病気

胃捻転は、胃の入り口と出口が塞がり、ガスと胃液がたまることでおなかがふくれます。嘔吐の姿勢をとるも、吐けず、急激に元気がなくなり、ショック状態に陥ります。高齢では小型犬でも発症するので要注意です。

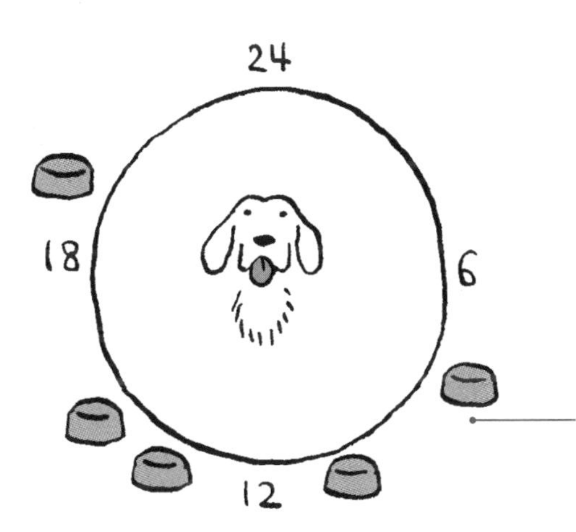

3 食事は小分け、低脂肪で適度なたんぱく量を

日頃から消化器に負担をかけないことが大切です。高齢になったら、低脂肪な食事を小分けにしましょう。

食後の運動を控える

食事の回数と質を変えるのと同時に、食後の急激な運動を控えることも、胃捻転の予防になります。激しい運動は食後2時間は控えましょう。起きてから最初の食事までの間や食事の直前の運動がよいでしょう。

健康診断で早期発見を心がけましょう。症状を悪化させないための対策とともに病気と上手くつきあいましょう。

病気と向き合う④

循環器・呼吸器の病気への対処法

住環境を整えて負担を軽減する

心臓や気管の病気の発症リスクを高める要因のひとつに、肥満があります。肥満は、心臓や気管に負担がかかり、せきや呼吸が早くなる呼吸促迫や、チアノーゼ（P89）などの症状を出しやくなります。

主な病気として、僧帽弁閉鎖不全[※1]や心筋症などの心臓病、気管支炎、気管虚脱[※2]などが挙げられます。

また、夏は暑さと多湿、冬は寒さと乾燥を防ぐように犬のいる場所の環境を整えましょう（P40）。

※1　心臓の僧帽弁の閉じ方が悪くなり、血液の一部が逆流する病気。
※2　気管がつぶれて空気の通りが悪くなり、発咳などの症状を発する。

1 夜中、運動時、興奮時にせきをする

僧帽弁閉鎖不全など心臓の病気では、夜間にせきをして、気づくことがあります。また、運動時や興奮時に、せきをするのも心臓や気管の病気のサインです。

症状を遅らせる

僧帽弁閉鎖不全は完治が難しいので、症状の進行を遅らせることを目標にします。食事を低ナトリウム食（療法食）に変え、肥満、やせ過ぎを防いで適正体重の維持します。状態を見ながら運動制限もしましょう。

2 胴輪を使って症状を抑える

気管虚脱や気管支炎などを発症している場合、首輪を胴輪に変えると、気管にかかる負担が少なくなり、せきの症状を抑えることができます。

犬の近くで喫煙しない

受動喫煙は、のどや気管に刺激を与え、症状を悪化させます。絶対に近くでの喫煙はやめましょう。また、目にも悪影響を及ぼします。

3 小型犬は特に気をつける

僧帽弁閉鎖不全や気管虚脱は、小型犬に遺伝的素因を持つ犬種が多いといわれています。主な犬種はチワワ、ヨークシャー・テリア、トイ・プードル、ポメラニアン、マルチーズなどです。

併発しやすい肺水腫

僧帽弁閉鎖不全などの心疾患により、引き起こされやすい病気です。せきが続いたり、元気がないときには要注意です。

病気と向き合う⑤

泌尿器の病気への対処法

腎臓は沈黙の臓器といわれるだけに、初期症状では気づきにくいもの。早期発見には健康診断が欠かせません。

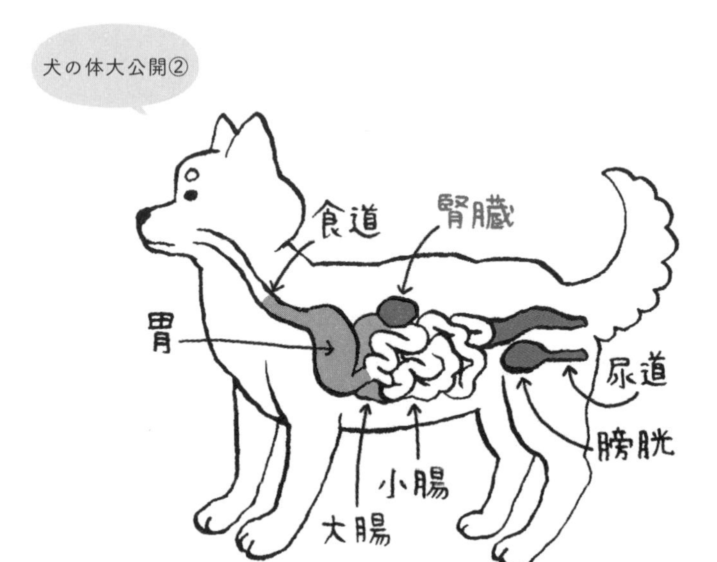

腎臓の2／3が壊れてようやく症状が出始める

泌尿器の病気の中でも、腎臓の病気は初期の段階で目立った症状をあらわしません。そのため、気づいたときには病気がかなり進行している可能性が高くなります。老犬の慢性腎臓病は、尿毒症[※]を引き起こすリスクがあり、食事管理や輸液療法で症状の進行を抑えるようにします。また、寝たきりになって排尿がうまくできないと、膀胱炎の発症リスクが高まります。獣医師の指示に従って、抗生剤をやや長期的に投与するようにしましょう。

※　腎機能が著しく低下して、さまざまな老廃物や尿毒物が体内に溜まることによる症候群。

1 食事管理で進行を遅らせる

慢性腎臓病になったら、食事に気を使います。ナトリウムやたんぱく質の摂りすぎを防ぎます。食事をきちんと管理することが、病気の進行を遅らせます。

尿毒症に注意

腎臓病が進行すると、尿毒症を引き起こします。定期的に動物病院で血液と尿の検査をしましょう。

2 寝たきりの犬は要注意

寝たきりの犬は、自力排尿が難しく、膀胱に細菌がたまりやすいため、マッサージなどでしっかりと排尿を促してあげましょう。

尿チェックを日課にする

少量の尿がよく出る、尿に血が混じる、陰部をよく舐めるなど、尿の異変に気づけるよう、毎日チェックしましょう。

検査で早期発見

腎臓の機能が一度失われると元に戻ることがありません。定期的な健康診断で早期発見を心がけましょう。

3 食事と飲水、投薬で改善する

腎臓病の治療では、低たんぱくの食事療法や水をたくさん飲ませます。それ以外に、状態に合わせて投薬もします。膀胱炎の場合も、抗生剤投与などを行います。

病気と向き合う⑥

生殖器の病気への対処法

加齢により、生殖器の病気も発症しやすくなります。疑いのある行動に初期の段階で気づいてあげることが大切です。

早期の去勢・避妊手術でストレスも減らせる

生殖器の病気を予防するには、去勢・避妊手術が有効です。オスは前立腺肥大[※1]、メスは子宮蓄膿症[※2]が去勢・避妊手術で予防できます。

去勢・避妊手術は病気の予防だけでなく、ストレスも軽減します。例えば、オスならば縄張り争いなどで、ほかのオス犬を常に気にする。メスならば発情期後に偽妊娠し、ぬいぐるみを子犬がわりに守る。これらは犬にとってストレスになる行動です。こうした行動をなくすこともできるのです。

※1　年齢とともに前立腺の細胞が徐々に増え、肥大してしまった状態。歩きたがらない、便秘などの症状をともなう。
※2　子宮内で細菌感染が起こり、膿が溜まってしまう病気。

1
高齢犬でも去勢・避妊手術は可能

病気を発症すれば、治療として去勢・避妊手術を行うことになります。命に関わる病気もあるため、早めに手術を決断しましょう。メスならば、生後5〜6ヶ月以降、初回発情前後に手術を受けるとよいでしょう。

理想は早期

生殖器の病気が悪化すると、リスクがあっても避妊・去勢手術をすることがあります。予防のためには早い時期の手術が理想的です。

2
オスの初期症状を覚える

前立腺肥大の初期症状は、便が出づらくなったり、形が変形すること。また、痛みから歩きたがらない、歩き方がおかしいなどの症状を発することもあります。進行すると、尿の出方も悪くなります。

そのほかのサイン

便秘や歩き方以外に、尿が出にくくなったり、回数が増える、血尿が出るなども前立腺肥大のサインです。

3
メスの初期症状を覚える

子宮蓄膿症は、陰部を気にしてなめたり、発情期が終わった後に陰部からおりものが出ることで、多くの飼い主は気づきます。進行するにつれ、食欲不振や多飲多尿が見られます。

気になっちゃうんだもん

サインを知る

陰部の膿は犬が舐めてしまいます。舐めるしぐさがサインです。活力や食欲がないこともサインとしてあらわれます。

若いときと違う行動をする

行動の問題に対して、近年は投薬による効果が明らかになっています。動物行動治療の専門家に相談しましょう。

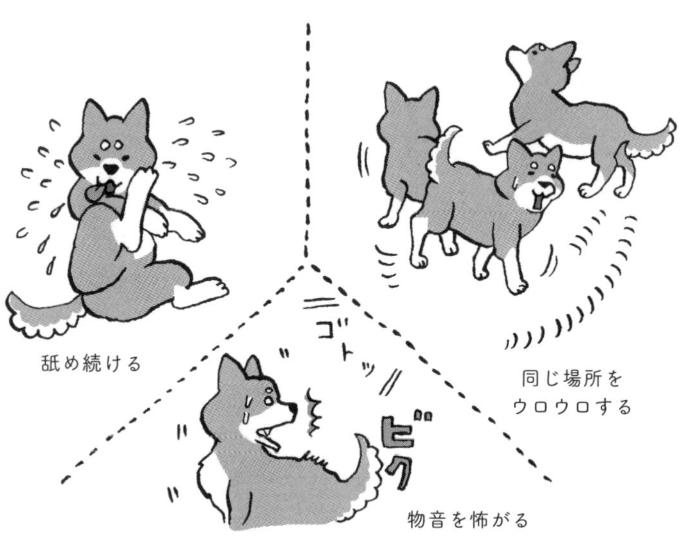

舐め続ける

同じ場所をウロウロする

物音を怖がる

老化とともに増えてくる行動

加齢による変化は外見や体調に加え、行動にもあらわれます。老犬はさまざまな理由により、不安や恐怖を感じやすくなる傾向があります。例えば吠え続けたり、ものを破壊することも。高齢になって急に始まることもあれば、若い頃から見られた問題が目立ってくることもあります。行動の問題はしつけで治すのが難しいので、困ったときは動物行動治療の専門家に相談したほうが安心です。大学附属動物病院や専門クリニックを訪ねましょう。

1
飼い主と離れたときに困った行動をする

ひとりの状況に不安を感じて、問題行動を起こすことがあります。「分離不安」と呼ばれる状態です。犬の不安を軽減するためにも専門家に相談すると安心です。

「行ってきます」はほどほどに

愛情深い飼い主ほど、よかれと思ってついつい過剰な「行ってきます」をしてしまいがち。分離不安はそうした「お別れの儀式」が助長してしまうこともあることを知っておきましょう。外出や帰宅時は、平静な態度で接します。犬が興奮しているときは、鎮まるまで無視しましょう。

2
物音などを過剰に怖がる

大きな物音や見慣れないものに対して、強い恐怖を感じるようになることも。飼い主の過剰な声かけが助長するケースもあるので注意しましょう。パニックに陥っている最中は無視し、犬が落ち着いてからほめてあげましょう。また、恐怖や不安があまりにもひどい場合は、獣医師に相談して薬を処方してもらいます。

不安なときにはそっと寄り添う

不安なときに大きな声をかけると、飼い主も不安になっているようなイメージを与えます。まずは落ち着いて、優しく寄り添ってあげましょう。

3
視力の衰えから攻撃的になることも

視力の低下で人の接近に気づかず、驚いてとっさに攻撃することもあります。なでようとしたときなどに見られます。急に攻撃的になったら、原因に合わせて対処しましょう。

触れてほしくないことも

触られたくない原因は、体に痛みがあって、触られたくない可能性も。原因を知るためにも、動物病院に連れて行きましょう。

犬の認知症を知る

犬の認知症の研究が進み、MRIが一般的になれば、人のように若年性認知症やアルツハイマーなどが発見される可能性も。

認知症は柴犬に多く、ついで日本犬系の雑種に多く見られます。

人気犬種のご長寿犬に多い

高齢になると、犬も認知症を発症することがあります。13歳から15歳頃に兆候があらわれ、進行していきます。発症する犬種は、人気犬種の柴犬やテリア系の犬、長生きする日本犬系雑種が多めです。近年、犬の平均寿命が延びているため、認知症も増えています。飼い主にとっても、無理のない介護を心がけましょう。長寿の犬ほど発症の可能性は高いといえます。「老犬の認知症チェックシート」(P117)で、愛犬の状態を確認しておきましょう。

老犬の認知症チェックリスト

当てはまる項目の数を数え、下表から認知症度を判定してみましょう。

生活のリズムは？	□A　昼の活動時間が減り、寝ている時間が増えた
	□B　昼の食事以外は眠り、夜中に動き回る
	□C　Bの状態で飼い主が起こしても起きていられない
食欲と排便の状態は？	□A　食べる量は変わらないが、ときどき便秘や下痢になる
	□B　これまで以上によく食べるが、ほとんど下痢をしない
	□C　異常によく食べるが、下痢をしない※
トイレはできている？	□A　排泄場所をときどき間違えることがある
	□B　どこにでも排泄し、失禁することもある
	□C　寝ながらでも排泄してしまう
しつけたことを覚えている？	□A　たまに忘れることがある
	□B　特定のコマンド（指示）に反応しない
	□C　ほとんど覚えていない
感情表現や反応は？	□A　他人や動物に対する反応が以前より鈍い
	□B　他人や動物に対して反応せず、飼い主にだけ反応する
	□C　飼い主にも全く反応しない
鳴き方は？	□A　訴えるような鳴き方が増えた
	□B　鳴き声が単調になり、夜中に鳴きだすことがある
	□C　夜中の決まった時間に鳴きだし、全く制止できない
歩き方は？	□A　以前よりスピードが落ち、ふらつくこともある
	□B　ふらふらとジグザグに歩く
	□C　一定方向に円を描くように歩く
後退できる？	□A　狭いところに入ると、後退するのにときどき苦労する
	□B　狭いところに入ると、後退できずに出られない
	□C　Bの状態で、部屋の直角コーナーからも脱出できない

※一般的に老犬になると、消化機能が低下し、下痢になりやすくなります。

Aのみ、またはBが1つ 認知症の疑いはほとんどなし	認知症の心配はなく、一般的な老化現象といえるでしょう。十分なスキンシップと健康的な生活を心がけましょう。
Bが2つ以上ある 認知症の疑いあり？	認知症予備軍。このままの生活を続けると症状が出始める可能性があります。次ページからを参考に進行を遅らせる生活習慣を取り入れましょう。
Cが1つ以上ある 認知症の疑い大	認知症になりつつあるといえるでしょう。治療により症状は改善することもあります。獣医師に相談し、生活習慣を改めましょう。

出典：「内野富弥ら（1998）痴呆症の診断基準100点法」

犬の認知症との付き合い方

認知症の症状を見ると、どうしても暗い気持ちになりがちに。無理のない介護、心のゆとりを忘れないようにします。

生活リズムや環境を整える

認知症を発症すると、学習能力や適応能力が少しずつ低下します。とはいえ、それまでの生活リズムや環境を変えないことで、初期段階はそれほど変わらない暮らしを送れます。症状の進行に応じて、環境を整えましょう。犬の認知症の発症メカニズムはまだわかっていないことも多いのですが、現時点で有効と思われる対処法も報告されています。例えば単調な生活を避け、進行をやわらげる薬を服用するなど、できることから始めましょう。

1
スキンシップで刺激を与える

日頃からスキンシップを図り、適度な刺激を与えましょう。犬が孤独を感じないように配慮することも大切です。飼い主の存在が犬を落ち着かせることもあります。

体調と相談して運動もする

運動で体を動かすと、脳神経細胞の活性化を促すこともできます。また、日中は陽の光を浴びさせるなど、生活リズムが昼夜逆転しないようにしましょう。

2
獣医師と相談して薬やサプリメントを使う

薬やサプリメント（DHAやEPA※）で、症状の進行や犬の不安をやわらげましょう。徘徊や夜間の鳴き声は、鎮静剤で生活リズムを整えてあげれば軽減できます。

※　脳の血流を多くする必須脂肪酸。魚類に多く含まれる。

先入観を捨てる

薬は犬の体によくない、といった考えもあります。しかし、薬やサプリメントは犬の治療にとってよいことでもあるのだと覚えておきましょう。

3
認知症の介護はひとりで抱え込まない

認知症は一刻を争う病気ではなく、気長に付き合うことが大切です。ひとりで抱え込まず、ときには動物病院に預けて、飼い主のリフレッシュの時間を持ちましょう。

徘徊対策は子ども用プール

子ども用のビニールプールの中に犬を入れれば、徘徊の症状が出て部屋をぐるぐる回ってしまう犬でも、家具に体をぶつける事故が防げます。

寝たきりと向き合う①

安心できる環境を整える

屈伸やマッサージは、犬の様子をよく見ながらしましょう。痛がっていたら無理せず痛みを感じさせない範囲で行います。

筋肉や関節をほぐし可動域を維持する

寝たきりにさせないためにも、積極的に屈伸やマッサージをし、関節の機能を維持します。足腰が弱ってしまうと、特に大型犬や足の長い犬は、自力で立つことが困難になりがちです。介助すれば歩けるのなら、少しでもその状態を維持し、筋肉量の低下を少しでも遅らせるように。

寝たきりなったとしても、寝た状態でできるリハビリで、筋肉や関節をほぐしてあげます。その際、関節の可動域を維持することを心がけましょう。

1 寝床は慣れ親しんだ場所に

犬が少しでも安心できるよう、できれば今までと同じ場所に寝床を置いてあげましょう。家族が見えるところにいられるのも、犬にとっては安心です。

異変に対応する

何かあったときに飼い主がすぐ対処できることも大切です。

2 犬の要求に適度に付き合う

犬自身、体の自由が効かなくなってきたことによる不安や、立たせて欲しい、食事や水が欲しいなど、何らかの要求を鳴いて訴える場合もあります。どうしても食事時間以外に食事の要求がある場合は、少量を毎回手から与えましょう。

コミュニケーションも大切に

寝たきりになると不安を抱く老犬も少なくありません。コミュニケーションによる雰囲気づくりにも努めましょう。

3 マッサージで血行を促進する

寝たきりになると、大型犬は脚がむくみやすくなります。こわばりがちになる関節や筋肉を、足先から付け根へと少しずつ揉みほぐしてあげましょう。

関節を温める

ホットパッドで関節を温めると、関節の動きがスムーズになり、マッサージの効果が高まると言われています。マッサージ後はアイシングをします。温める時間やアイシングは獣医師のアドバイスを必ず聞きましょう。

寝たきりと向き合う②

毎日のケアで床ずれを防ぐ

床ずれを起こさせない工夫が大切。
もし、できてしまった場合は傷口を保護し、
清潔に保つようにします。

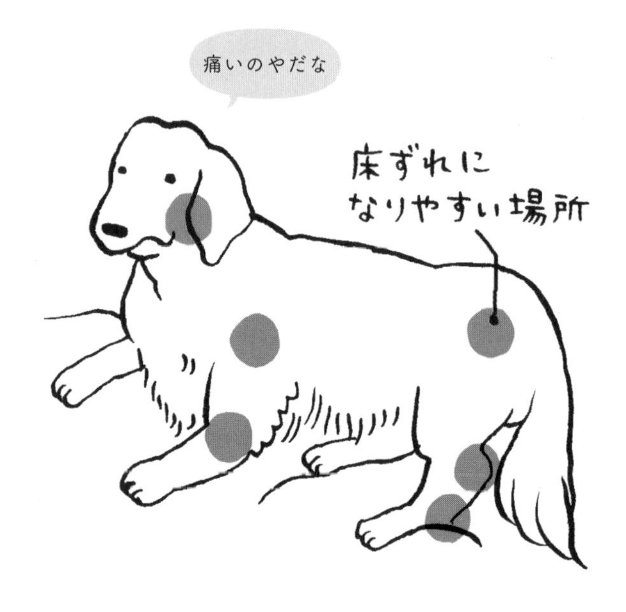

2～3時間おきに寝返りを打たせる

寝たきりになると、ほほ、肩、足首、腰、かかとなど骨の出っ張りがある部位に床ずれができやすくなります。床ずれを予防するためには、寝返りを打たせる以外にも、寝床をウレタン素材など適度な弾力のある物にする、床ずれのできやすい部分にクッションやスポンジをあてがっておく、などの方法もあります。

床ずれができているのを見つけたら、悪化させないためにも、早めに動物病院で対処してもらうことが大切です。

1

寝返り①
犬を立たせる

犬の前肢を揃えて持ち、上体を起こしたら、後肢を支えて犬を一旦立たせます。

中・大型犬を寝返りさせるときは、人の腰にも負担がかからないよう、必ずひざをついた体勢で行います。

2

寝返り②
前屈みにならないで抱き上げる

犬の体を両手で下からしっかり抱えるようにして、上にもちあげます。前屈みになると人の腰に負担がかかります。

このときに胸やおなかに犬の体を密着させるようにすると安定します。

3

寝返り③
ゆっくりと寝床に下ろす

向きを変えた位置に、抱き上げている犬をゆっくり下し、寝かせてあげます。犬も人もお互いに負担がかからず、無理のないように行うことが大切です。

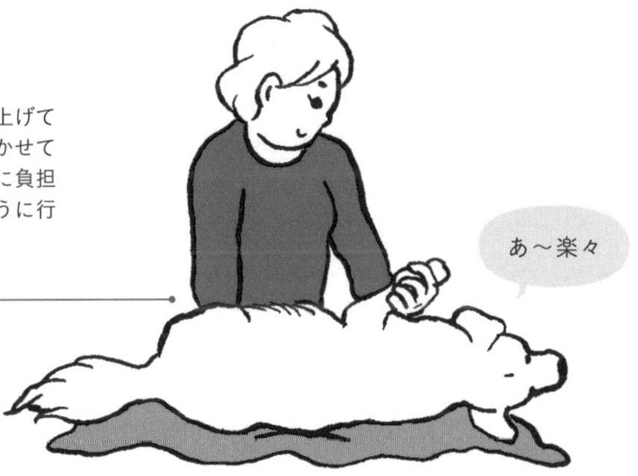

犬を持ち上げずに、寝かせたまま寝返りさせるのは、飼い主の体に負担がかかってしまいます。

寝たきりと向き合う③

排泄ケアをする

寝床は常にきれいな状態を保つことが大切です。排泄物は寝床に残ったままにならないように、特に気をつけます。

排泄物はすぐに片付けて体を拭く

寝たきりでの排泄も、少しでも快適に清潔を保つことが大切です。おむつは長時間つけたままだと蒸れたり、排泄物が体につくため、お手入れが大変です。トイレシートを利用すると、排泄後すぐに片付けられ、体を拭くお手入れもおむつに比べると楽です。寝たきりになると腸の動きも低下し、便秘になりがちに。マッサージ以外に、食物繊維を多く含んだ食事を与える、水分を多めにとらせるなどの工夫をしてあげましょう。

1
寝床にトイレシートを敷く

近くで犬の様子を見守ってあげられるのならば、いつ排泄をしてもいいように、犬の腰の位置を中心にして、体の下にトイレシートを敷いておきます。

トイレシートの敷き方

寝床とトイレシートの間には、防水シーツやバスタオルを敷いてもよいでしょう。寝床をより清潔に保つことができます。

2
目を離すときはおむつをする

夜間や目を離さなくてはならないときに、トイレシートを敷いたままにすると、犬が体を動かした際に排泄物で汚れる場合も。おむつをつける場合、お尻周りの毛は短くしておくとお手入れも楽です。

人用のおむつで代用するときは

犬用のおむつも市販されていますが、人用のものを後ろ前反対にはかせると代用できます。

3
マッサージで排泄を促す

自分で排泄ができなくなるため、排便を促すにはおなかのあたりから肛門に向かって、軽く押していきます。排尿は膀胱部分に軽く圧をかけるようにして促します。

腹部のマッサージ

排泄を促すために、腹部を前方から後方に向けてマッサージしましょう。

「終末期」の病院の選び方

終末期には予想のつかないことが起こることもあります。あらゆることを想定しておくことが大切です。

かかりつけ医と信頼関係を築く

信頼できる獣医師かどうか、看取りも視野に入れたうえで、納得できる動物病院を選びましょう。

日頃からよく話し合い、獣医師の考え方を理解しておきましょう。看取りの時期が近くなると、夜間に容態が急変するなど、緊急性が高い事態が多くなります。事前に緊急時にどこまで対応してくれるか確認しておきましょう。夜間だけは別の病院を紹介してくれる場合もあります。いざというときに慌てないためにも、準備が大切です。

1 往診という選択

寝たきりの犬を動物病院まで連れて行くのが難しい、連れて行く車がないなどの場合、往診してくれる動物病院もあります。往診の費用は、病院や家までの距離によって違います。気になる場合は、問い合わせてみましょう。

往診で対応可能なことを確認しておく

往診では機材が限られているため、どうしても対応が限定されます。対処可能な範囲を確認しておきましょう。送迎をしている病院もあります。

2 緊急時に対応できる自宅近くの病院を調べる

主治医として選んだ動物病院が、自宅から遠いということもあります。自宅からなるべく近く、緊急時にすぐ対処してもらえる動物病院も調べておくと安心です。

飼い主同士の交流の場にも

動物病院の待合室では、悩みや情報を交換できる飼い主仲間に出会うことがあるかもしれません。

3 考え方が近い病院を選ぶ

介護期、終末期とどのような医療を望むのか。日頃から話して、信頼関係を築きましょう。セカンドオピニオンの利用や専門的な医療なら大学病院など、自分の考え方に近い獣医師や動物病院を選びましょう。

よい獣医師の判断材料

「コミュニケーションのとりやすさ」は、自分にとってよい獣医師を見つける基準になります。

スムーズな通院をしよう

老犬になると若い頃に比べて、通院する機会が増えます。犬に負担がかからない工夫をしてあげましょう。

日頃からキャリーケースに慣れさせておく

通院時の移動のストレスをできるだけ軽減してあげましょう。キャリーケースに入ることに慣れさせておくのも欠かせません。動物病院に行くときだけ入れようとしても、日頃から入ることが習慣になっていなければ、ストレスになってしまいます。

車で連れて行く際は、犬の体に負担がかからない配慮をしてあげます。揺れが少ない後部座席にキャリーケースを固定します。車内の温度管理[※]にも忘れずに気を配ります。

※　夏は25〜26℃位、冬は22〜23℃位が目安です。

犬に罪はないとはいえ

電車には犬が苦手な人もいるかもしれません。お互いに嫌な思いをせず、犬にも負担をかけないためにラッシュ時は極力避けましょう。

キャリーケースはひざの上に

ほかの乗客にも配慮し、キャリーケースはひざの上に乗せます。キャリーケースの窓側を飼い主の方に向けると、犬も安心できます。

1 電車での通院はラッシュ時を避ける

キャリーケースに入れておくのはもちろんですが、周囲の人に対する配慮や犬に負担をかけないためにも、通勤通学で混み合う時間は避けるようにしましょう。

2 大型犬はリードを短く、しっかりと

動物病院の待ち合い室でのマナーも大切です。ほかの犬や動物に配慮し、キャリーケースに入れない大型犬は、リードを短く持ちましょう。また、犬の大きさに関わらず、混雑時は待合室の椅子の上に乗せないようにしましょう。

車内で待機する

寝たきりであれば、受付にひと声かけておき、診察の順番がくるまで車の中で待つ方法もあります。

車での移動時は

車での移動時は、キャリーケースの上からシートベルトをします。また、助手席よりも車内の真ん中がもっとも揺れにくい場所です。

3 キャリーケースはハードタイプがおすすめ

やわらかいタイプのものだと、移動中に体を圧迫してしまう場合も。また、ハードタイプは車に固定しやすいメリットがあります。

入院することになったら

終末期の入院は、もしもの緊急事態をあらかじめ考えておくことが大切です。

病院との連絡体制を決めておく

終末期は入院中に容体が急変するかもしれません。緊急事態にすぐ駆けつけられるよう、動物病院には携帯番号や、この時間だったら家族の誰に連絡してほしいなどを伝えておきます。

また、状態が悪化したときに気管挿管や心臓マッサージをしてもらうかは、入院の段階で伝える必要があります。愛犬には最期の瞬間まで寄り添ってあげたいもの。この本で紹介している犬のケアに加えて、獣医さんとのスムーズな連絡が大切です。

入院の判断材料

入院の期間と費用は、犬の状態によって違います。獣医師からしっかりと説明を聞き、納得した上で判断しましょう。

1 入院のメリット・デメリットを考える

飼い主と離ればなれになってしまうことが、ストレスになる場合もあります。ただ、入院したほうがそれらのデメリットを上回る効果を得られることもあります。最終的には、飼い主自身が判断をしなければなりません。

2 入院ケージに入れたいもの

入院中に過ごすケージでは、少しでも落ち着いてもらいたいもの。普段使っていたタオルや好きなおもちゃ、食器など、自分の匂いがついたものを入れてあげると安心します。

安心グッズを知る

入院中でも犬がリラックスできるには、何を持っていけばよいのか。それを知るためにも、犬にとって安心できるものは何かを日頃から見ておきましょう。

3 入院中の犬のストレスケア

面会ができるかどうか、あらかじめ確認しておきます。また長期の入院の場合は、状態によっては一時帰宅させてくれることもあります。入院前に確認してみましょう。

気持ちを届ける

入院中の犬は慣れない環境に不安を感じているかもしれません。面会時には心からの「大好き」の気持ちを伝えてあげましょう。

治療の選択肢を知る

積極的に治療と向き合うためには、正しい情報を集め、その中から納得のいくものを選ぶことです。

納得したものを選ぶという考え方

病気の治療にはさまざまなものがあります。たくさんの情報の中から、選びとる目を持つことは大切です。「インフォームドコンセント」とは、獣医師から治療にあたっての内容など十分に説明を受け、それらの与えられた情報から、自分が納得し、その治療に同意するという意味です。

愛犬の治療の選択をしなければならないとき、迷うこともあります。自分が治療を受けるとしたらどうしてほしいのか、そんな目線で考えてみましょう。

わからないことは質問する

かかりつけの獣医師に治療以外にも、介護や看取りのわからないことを聞いてみましょう。

1 「責任ある情報」を集める

インターネットで検索すると、病気や治療について多くの情報が見られます。治療方法の選択に、活用するのもよいですが、専門家が監修している本など、できるだけ信憑性があるものを参考にしましょう。

2 治療法を選択するのは飼い主

獣医師からの説明や、自分で集めた情報などから、どの治療法を選ぶのか。後悔しないためにも、しっかり考え、納得したものを選ぶことが大切です。

インフォームドコンセントの本来の目的

飼い主と獣医師が気持ちをひとつにし、できるだけ後悔のない治療を選ぶことがインフォームドコンセントの目的です。

3 複数の獣医師の意見を聞く

複数の獣医師から意見を聞くことも、治療方針の判断の決め手になります。ほかの獣医師の考えも参考にしたい場合は、セカンドオピニオンとして意見を聞いてみるのもひとつです。

データを持参する

セカンドオピニオンを受診する際は、できるだけこれまでの治療のデータを持参し、獣医師に見せましょう。治療の助けとなります。

二次治療施設という選択肢

検査や治療の選択肢として、高度な治療を受けられる大学病院や専門病院も知っておきましょう。

かかりつけ医ではできない高度な治療ができる

必要な検査や治療などによって、大学病院やその病気の専門病院に診てもらう場合もあります。例えば、病気の診断にMRIの検査が必要なとき、かかりつけの動物病院の設備に限りがあるときなどは、特殊な検査ができる施設を紹介されたりします。また、腫瘍などで、放射線治療など高度医療が必要な場合に、がんの専門病院を紹介されることも。一般的な動物病院では限りがある治療を施してもらえるのが、二次治療施設なのです。

診療の範囲

大学病院などでは、救急医療には対応していないことも知っておきましょう。

1

かかりつけの獣医師から紹介してもらう

紹介してもらうときは、かかりつけの動物病院でできる検査や治療の範囲に限度があるなど、二次治療施設の必要性があると獣医師が判断した場合が多いようです。二次治療施設では、CTスキャンやMRI、放射線治療などの高度医療が受けられます。

新しい病院？

2

かかりつけ医に相談する

飼い主から紹介して欲しいと相談してみるケースもあります。セカンドオピニオンを得るために、二次治療施設を利用する飼い主もいます。

画像診断施設

近年、MRIやCTによる画像診断を行う検診センターも登場しています。利用には、かかりつけ医から紹介をもらいます。

ムズカシイお話？

3

予約の10〜15分前には着くようにする

大学病院や専門病院などを紹介され、初めて診察に行くときには、必要な書類に記入することがあります。時間に余裕をもって行くようにしましょう。

受診の流れをチェックする

一般の動物病院と違って、専門病院の受診は戸惑うかもしれません。獣医師に聞いたり、専門病院のホームページをチェックしてみましょう。

投薬のキホン①

錠剤を飲ませる

1
口を開ける

片方の手で上あごを持ちます。上を向かせ、もう一方の手で下あごを下げ、口を開かせます。

2
薬を口に入れる

うっかり吐き出してしまわないよう、できるだけ口の奥へ薬を入れます。舌の奥に置くようにすると、飲み込みやすくなります。

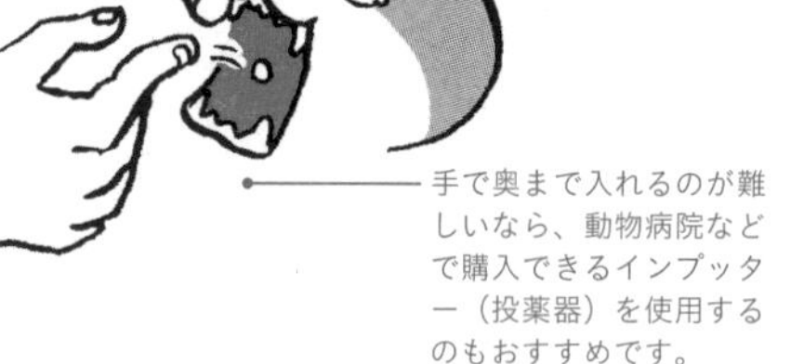

3
飲み込ませる

薬を入れたら、口を閉じます。確実に飲み込んだかどうか確認を。口を閉じたあと、のどをさすってあげるのも効果的です。

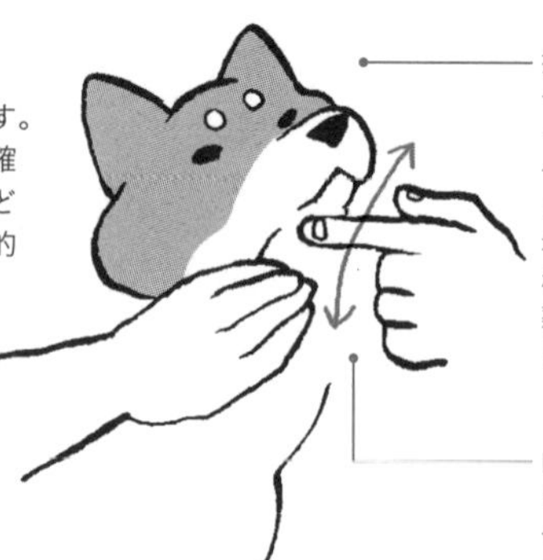

投薬のキホン②
液剤を飲ませる

1
薬の準備

液体状の薬は、シリンジに針をつけずに使用するのがおすすめです。イラストのように持つと、スムーズに投薬ができます。

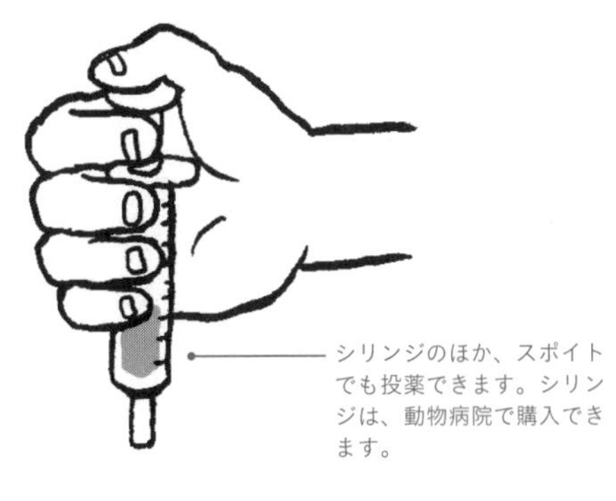

シリンジのほか、スポイトでも投薬できます。シリンジは、動物病院で購入できます。

2
口を開ける

液体状のものは大きく口を開けなくても、飲ませることができます。ほほの皮を引き上げ、口を半開きにします。

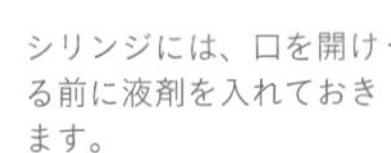

シリンジには、口を開ける前に液剤を入れておきます。

3
薬を口に入れる

犬歯の後ろあたり、もしくは頬の隙間に薬の入ったシリンジを差し込んだら、薬をゆっくり流し込みます。

粉薬や錠剤を砕いたものを飲ませる場合でも、水に溶かしてシリンジで与える方法がおすすめです。

投薬のキホン③

点眼薬をさす

1 点眼の準備

片方の手で下あごをしっかり支えたら、犬の顔を上げます。

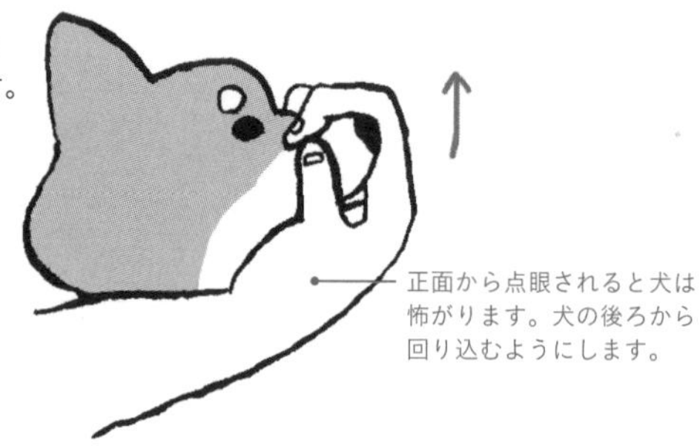

2 目薬をさす

目薬を持つ手で、まぶたを引き上げます。目薬は黒目（角膜）にさすと刺激が強いので、白目にさします。

3 点眼後のケア

点眼後は優しく目を閉じます。薬がなじむように2〜3回まばたきをさせます。

投薬のキホン④

皮下点滴を打つ

1
点滴の準備

注射針をさす場所を決めます。針は、首の付け根あたりの皮膚があまっているところにさします。

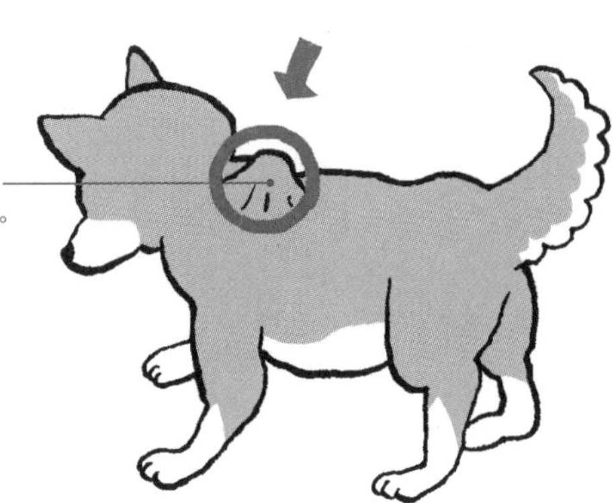

親指と人指し指の腹でつまんで、皮膚を引き上げます。

2
針をさす

ゆっくり根元まで針をさします。針をさしたら輸液を流し入れます。流し入れる際、最初は特にゆっくり行います。

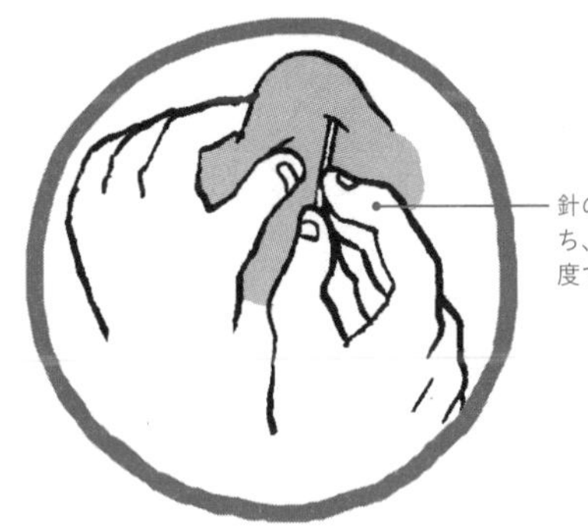

針の根元を持ち、45度の角度でさします。

3
点滴後のケア

輸液を流し終えたら、ゆっくり針を抜きます。針をさしていた箇所を10秒ほど強めにつまみます。

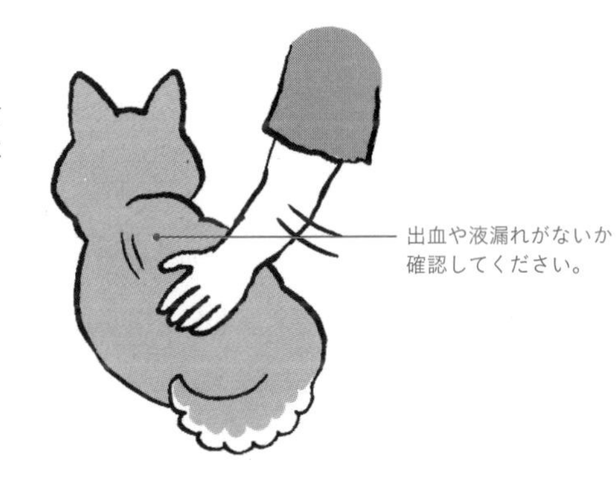

出血や液漏れがないか確認してください。

注　やや高度な技術なので、必ずかかりつけの獣医師に十分な指導ををうけてから検討してください。

犬の医療費とても高い？

犬の1年間の平均支出は約36万円※。任意の保険に加入しない場合は、あらかじめ貯金をしておくと安心です。

※　出典：「アニコム　2022最新版ペットにかける年間支出調査」

任意のペット保険に加入する方法もある

ペットには全員が医療保険に入る国民皆保険のような制度がありません。健康保険の自己負担額は2～3割ですが、ペットの飼い主の負担額は保険に入っていなければ10割です。病気や治療法にもよりますが、医療費が高額になることもあります。シニア期以降は、医療費もかさみやすくなります。看取りケアの前から少しずつ貯金ができているとよいでしょう。ペット保険（P141）に加入すれば、プランに応じて負担額が減ります。

ペット保険を検討しよう

ペット保険は終身継続を原則とするタイプが増加。早期に加入すれば老犬になっても補償を受けられます。

加入には年齢制限や健康上の条件がある

ペット保険は損害保険会社や少額短期保険業者が手がけ、保険金で医療費を補償するものです。保険プランによって、医療費の補償割合や内容が変わります。いずれのペット保険も加入には年齢制限や、健康上の条件があり、老犬や持病がある犬は加入できないケースが大半です。なるべく早い頃に検討しておきましょう。

ペット保険には動物病院の会計時に補償分が減額されるものと、後日保険金を自己請求するものがあります。

※　1年間にかけたペット保険の費用の平均額は、約35,000円という統計もあります。

COLUMN

4 リハビリ施設を利用する

人と同様に、犬も年齢を重ねるにつれ、どうしても身体機能が低下してきます。関節がかたくなると、動かすことで痛みを生じるようになります。いかに関節の柔軟性や筋肉量を維持させるかが、大切です。椎間板(ついかんばん)ヘルニアなどの手術をしたあとも、せっかく手術が上手くいったとしても、リハビリをきちんとしてあげるか、あげないかで予後にも大きく影響してきます。

少しでも体が動かせるうちは、動かしてあげる。そのために効果的なリハビリや運動を行うことは、寝たきりにさせないために重要なことです。動物病院やリハビリセンターなど専門施設があります。私の病院でも「グラース動物病院ウェルネスセンター」として、さまざまなリハビリテーションを実施しています。体幹や四肢を鍛えるために、犬用のバランスボール、バランスディスクを使った運動、犬の体を上から4本のリードで支え、四肢にかかる負担を軽減させた状態にして、体重免荷起立歩行装置(たいじゅうめんかきりつほこうそうち)の上で歩かせるという訓練などがあります。自宅でのリハビリが難しい場合は、こうしたリハビリ施設を活用するとよいのではないでしょうか。

第5章

臨終前後にしてあげられること

看取り前の心構え①

最期を見守る家族にできること

犬のことを考えつくした治療方針の決断に誤りはありません。悔いのないよう最善を尽くして見守りましょう。

家族が下した決断に後悔しない

愛犬が終末期を迎えたとき、治療や介護でもっとできることがあったのではないかと後悔するかもしれません。しかし、長い時間をともに過ごした飼い主は、愛犬の一番の理解者です。愛犬を想って下した判断なら、すべて正しいのです。治療やケアについて家族で十分に相談したうえで選択をしたほうが後悔は少ない傾向にあります。目をそらさず、事前に考えておきましょう。愛犬との楽しい思い出が、看取りケアを支えてくれることでしょう。

看取り前の心構え②

「死をまつだけ」のつらさ

飼い主が悲しい顔だと、犬も悲しんでしまいます。犬のためにも悲観的にならず、温かく寄り添いましょう。

犬に不安な気持ちを伝えない

最期が近づいても飼い主にできることはあります。治療やケアの段階が過ぎると、静かに見守る時間に変わります。犬は飼い主のことをよく見ています。犬の様子を見ていると、どうしてもつらい気持ちになるものですが、飼い主の不安な気持ちは犬にも伝わります。看取りケアは投薬や手術などの治療だけがすべてではありません。最期まで優しくなでたり寝床を整えたり、犬を少しでも不安にさせないような気づかいを続けてあげましょう。

命の終わりが近づくサイン

臨終のサインに敏感になりましょう。呼吸の変化、意識がないなど、犬の様子を優しく見守ります。

寄り添いながら最期のサインを見守る

最期のお別れが近づいてきたことがわかるサインにもいろいろあります。食事も水も飲み込むことができなくなる。呼吸や鼓動の状態が変化する。そして、いよいよ最期のときは意識がなくなります。できれば、ろうそくの火が少しずつ弱くなり、消えていくように最期を迎えることを望みたいもの。しかし、病気によっては、けいれんが続いた状態などで迎えることもあるのだということを、覚悟しておくことも大切です。

1
呼吸の状態を観察する

呼吸のスピードを意識します。浅く早くなる、あるいは深くゆっくりという場合は、あと数時間ということも。寄り添っていてあげましょう。

集中して観察する

表情を観察すると同時に、呼吸の深さに注意します。優しく声をかけたり、なでたりして、最期を見守りましょう。

2
胸の鼓動が弱くなる

最期が近づくと多くの場合、心拍がゆっくりになります。犬の胸に耳をあてて、鼓動を聞いてみます。音が弱く、ゆっくりしてくるでしょう。最期のときまで、優しく寄り添います。

犬の心拍数

健康な犬の心拍数は1分間あたり70〜160回（小型犬：60〜140回、大型犬：70〜180回）です。

3
意識が戻らなくなる

臨終間際には、一時的に意識を失う場合もあります。最期を迎えるときは、意識が戻らなくなり、昏睡状態となります。

最期のケア

昏睡状態になったら要注意。なでたり、抱きかかえたりしながら、優しく見守ってあげましょう。

安楽死という選択もある

犬のことを第一に考えるのはもちろん、後悔しないためにも、迷いがあるならやめましょう。

犬にとってつらいときは選択肢にもなりえる

激しい痛みなどで犬が苦しんでいる場合、それを取り除いてあげるために、安楽死という選択もあります。大切なのは、犬がつらいと感じているかどうかです。好きだったご飯も、もう食べられない、けいれんをくりかえしている、呼吸困難になって苦しいなど、できる限りの治療やケアをしてきたとしても、苦痛を取り除くには限界ということもあります。「後悔しないこと」を大前提に、あくまで、選択肢のひとつであると考えましょう。

1
選択するのは家族

獣医師から安楽死をすすめることは、ほとんどありません。最終的には飼い主が決断します。家族全員が納得できる決断を心がけましょう。

情報収集も大切

悩んだら、獣医師や犬を飼っている身近な人などいろいろな人に相談しましょう。

2
家族全員で話し合う

決断するにあたって、家族全員の意志を確認し、全員の同意を得ていることが大切です。ひとりでも反対意見があるなら、絶対にやめておきましょう。

納得のいく選択

家族全員で本音で話し合います。素直な思いを話し、納得のいく結論を出しましょう。

3
迷うなら絶対にやめた方がよい

どうしようかと迷いがあるのなら、選択しません。迷った状態のままで選択してしまうと、やらなければよかったと後悔することにもなります。

自分の感情を確認する

愛犬の命に関わる選択は、とても難しいものです。自分が心から納得できる方法を選びましょう。

最期を病院で迎えるときは

最期を看取ることができなかったと後悔しないために、事前に自分の考えを伝えておきましょう。

事前に病院と臨終の扱いを話し合っておく

入院しているときに、最期を迎える場合もあります。もしも最期に立ち会えなかったとしても、自分が信頼して選んだ獣医師に託したことを後悔しないようにしたいもの。そのためには、看取り間近の対応を獣医師と事前によく話し合っておくことです。獣医師には心肺停止になったとき、蘇生処置を施してほしいのかなどを伝えておきます。最期を迎えたときに、引き取りに行ける時間帯も確認しておきましょう。

看取りの時間を大切に

いよいよ迎えるお別れのとき。時間の許す限り、できるだけ犬のそばについていてあげます。

最期の瞬間までそばにいる

自宅で看取るなら、最期の兆候に敏感になることが大切です。入院中に容態が急変したと連絡を受け、駆けつけて最期に間に合うこともあります。最期の兆候が見られたら、優しくなでたり、抱っこしたり、そばにいてあげます。まるで帰宅するのを待っていたかのように、飼い主のぬくもりを感じながら最期を迎えたという話も聞きます。これまでの絆が、そうさせているのかもしれません。後悔のないよう、最期の瞬間まで見守ってあげましょう。

なきがらをきれいにして安置する

お別れの準備はつらいものですが、きれいな状態で旅立たせてあげることが最後のケアになります。

きれいにしてお別れの準備を

つらいことかもしれませんが、遺体をそのままにしておくことはできません。無理せず、できる範囲で遺体を処置します。長い年月をともにした愛犬ですから、きれいな状態でお葬式を迎えさせてあげたいものです。

よだれや目やに、耳あかなど、汚れている部分をきれいにします。おしっこが出てきてしまう場合もあるため、お尻周りもふいてあげましょう。たくさんの思い出をくれたことに感謝して、お別れの準備をしましょう。

1

棺を用意する

体をきれいにしたら、遺体を入れる箱を用意し、安置します。夏場は遺体の傷みを防ぐために、安置している間は保冷剤を入れておくといいでしょう。

亡くなった直後にすること

体が温かいうちに、四肢を胸のほうに折り曲げます。すでに硬直がはじまっている場合は、ゆっくりさすってから優しく曲げましょう。

2

棺の中に入れるもの

生前使っていたタオルなどを敷いたり、好きだったものや花を入れてあげます。ただし、火葬する場合はプラスチックや金属類、保冷剤などは取り除きます。

大型犬の棺は

大型犬であっても、棺に入れるものは変わりません。体が無理なく収まる大きめの箱を使いましょう。

棺の安置

なきがらの入った棺は、直射日光の当たらないところに安置します。自宅に場所がない場合は、ペット霊園に一時的に預かってもらえるか相談しましょう。

3

病院でしてもらえること

動物病院で亡くなったときには、遺体処置が施されます。口の中などには綿をつめ、汚れている場合にはシャンプーをしてもらいます。

自宅の場合でも無理はしない

自宅で亡くなった際にも、遺体をきれいに拭いてあげたいものです。つらいときは、無理せず動物病院にお願いしましょう。

葬儀で愛犬を送り出す

葬儀にこうしなければならないという決まりはありません。悩んだときは信頼できる相手に相談しましょう。

前もって見送りの情報を集めておく

業者選びに悩んだら、かかりつけの動物病院に相談してみるとよいでしょう。愛犬を亡くした直後は、パニックになり、料金などを調べるのは難しいものです。そのときがくる前に検討しておきましょう。かかりつけ医からの紹介であれば、情報源としても信頼できます。愛犬を見送った経験を持つ友人に聞くのもよいでしょう。

葬儀や供養の方法に、決まりはありません。どのようにしたいかは、飼い主の考え方次第なのです。

1
民間の業者に頼む

葬儀業者やペット霊園に火葬を依頼します。事前に費用を確認し、愛犬と家族にとって最もよい葬儀を選びましょう。

葬儀業者の選び方

愛犬のためにも、説明を丁寧に聞いて業者を選びましょう。犬種や合同葬、個別葬など形式によって異なりますが、2～6万円程が金額の目安です。

2
自宅を安住の地にする

自宅内での保管や、自宅の庭に埋葬するのもひとつの方法です。埋める穴が浅いとカラスなどに掘り起こされてしまうので、深く掘って埋めてあげます。

お骨にしてから埋葬する

遺骸のまま埋葬すると、ご近所へのにおいも気になります。お骨にして自宅で保管するか、庭に埋葬しましょう。

3
行政への手続き

亡くなってから30日以内に畜犬登録をしている市区町村役場に犬の死亡届を出します。死亡届とともに犬鑑札、狂犬病予防注射済票を返却します。紛失した場合や思い出として手元に残したい場合は相談してみましょう。

気持ちの整理にも

亡くなったあとに死亡届を出さないと、行政から狂犬病の案内が届いてしまいます。亡くなった愛犬を思い出し、つらい思いをしてしまうことも。気持ちの整理をつける意味も込めて、忘れずに手続きをしましょう。

COLUMN 5

老犬のトリミング

老犬になったからといってもトリミングをしないわけにはいかないものです。加齢とともに被毛が薄くなってくるため、若い頃と同じ様にカットしても、しっかりしたカタチにならないかもしれません。それでも、体を清潔にし、ムダな毛を取り除くなど、トリミングは犬の健康維持だけでなく、室内で人と犬が一緒に快適に過ごすために必要なことです。

しかし、注意したいこともあります。例えば、心臓病など持病を抱えていると、トリミング中に具合が悪くなることも少なくありません。洗う、ドライヤーをかけるというのは、心臓や呼吸器に負担がかかります。トリミング中に熱中症を起こすケースも多いのです。歯周病を発症している犬だと、トリミング中、犬の顎をおさえていて顎の骨が折れてしまったという事故もあります。重度の歯周病だと、顎の骨を溶かしてしまうため、骨がもろくなってしまうのです。

このように、老犬のトリミングには、さまざまな注意が必要です。トリミングを行っている動物病院もあります。病気のことを知っている獣医師が近くにいると、より安全性が高まるといえるでしょう。

第6章

ペットロスを癒(いや)す

ペットロスの癒（いや）し方

犬との日々を素敵な思い出に変えるために、十分に悲しみましょう。やがてペットロスが癒（いや）されるはずです。

死を受け入れ少しずつ前に進む

ペットを失った悲しみのことを「ペットロス」といいます。つらい別れを思い出に変えるために、まずは愛犬の死を受け入れましょう。十分に悲しむことが大切です。「悲しい」という気持ちをあらわすことで、犬との日々が大切な思い出に変わり、立ち直るきっかけになります。

悔いのない治療や看取りができた飼い主は、重度のペットロスに陥（おちい）ることが少ないものです。終末期に最善を尽くしたことがその後の癒（いや）しになります。

1
悲しみは誰もが抱く感情

ペットを亡くした悲しみは、誰もが持つ気持ちとして社会的に認知されつつあります。特別なものではないと、まずは自分の悲しみを肯定します。

素直な感情を尊重する

気持ちを素直に表現しましょう。愛犬との思い出を文章にしたり、人に話したりしてもよいでしょう。

2
無理せずがんばりすぎない

喪失感によって、日常生活に影響が生じるかもしれません。無理せずがんばりすぎず、自分のペースで前に進みましょう。カウンセラーに相談してもよいでしょう。

時間をかけて立ち直る

ゆっくり時間をかければ、やがて愛犬の一生を楽しかった思い出として受け入れられるでしょう。

感情を整理する

悲しみを人に話すことで、自分の考えや悲しみの原因が、より明確になることもあります。

3
共感し合える人と話す

ペットを亡くした人に体験談を聞いたり、互いに思い出を話したりするのもよいことです。散歩仲間などの第三者に共感してもらうことが、立ち直るきっかけにもなります。

つらさを受けとめる対話

悲しみを乗り越える第一歩を踏み出します。
方法は人によりさまざまです。

悲しみから抜け出して愛犬に感謝する

犬を看取って十分に悲しんだあとは、つらさを受けとめてペットロスから抜け出す準備をはじめます。

つらさを受けとめる方法はさまざま。写真を整理する、遺品や被毛で形見をつくる方法も。納骨したペット霊園にお参りをしたり、遺骨が家にあればお花を供えたりして、供養することもできます。愛犬への感謝を再確認すると、気持ちの整理もつきやすくなります。家族みんなが元気を取り戻せば、犬の供養にもなります。

新しい出会いが別れのつらさで閉ざされてしまうのはもったいないこと。犬と過ごす楽しさを思い出します。

犬とのしあわせな時間を思い出す

犬を亡くした悲しみを新たな犬が癒す

ペットロスから立ち直るために、新たな犬を迎える方法もあります。愛犬を失った悲しみは忘れたり、消すことのできない感情です。「愛犬に申し訳ない」という罪悪感や「別れがつらくてもう動物を飼いたくない」という気持ちになることもあるでしょう。それらは自然な感情ですが、新たな出会いが心を癒してくれることもあります。前の犬との日々をよい思い出にして、新しい犬との暮らしを始めることも、幸せのひとつの形といえます。

巻末ふろく

今日の体調記録

年　月　日　曜日

体重　kg

体温　℃

食べたご飯の量

g

飲んだ水の量

ml

おしっこの回数・状態

回数：　回

状態：色→
におい→

うんちの回数・状態

回数：　　　　　　　　　　　　　　　　回

状態：色→

かたさ→

体の状態

目：白目が白い ・ 黒目に濁りがない

目やに 有 ・ 無

鼻：鼻水　有 ・ 無

体：足腰→

呼吸→

しこり　有 ・ 無

メモ

※ 「ソファから落ちた」、「嘔吐した」など異変があればその時間、回数、状況を記入してください。

巻末ふろく

老犬標準値データ

体重や排泄の状態など、犬の不調があらわれやすい項目の正常値をまとめました。

体重

やせすぎ：肋骨や背骨がゴツゴツとわかる状態
適　　正：肋骨や背骨がわずかにわかる状態
太りすぎ：肋骨や背骨がわからない状態

体温　小・中型犬：38.6～39.2度
大型犬：37.5～38.6度

食べたご飯の量

70 ×体重の 0.75 乗で適切なカロリーを計算します。計算は電卓を使い、①体重を 3 回かけ、＝を押す。②√を 2 回押し、③ 70 をかけ、老犬の目安として係数※ 1.4 かけます。
（例）3kg → 225kcal、4kg → 280kcal、5kg → 330kcal、6kg → 375kcal

飲んだ水の量

1 日の水分量の目安

体重(kg)	飲水量(ml)	体重(kg)	飲水量(ml)	体重(kg)	飲水量(ml)
1	70	11	420	21	690
2	120	12	450	22	700
3	160	13	480	23	740
4	200	14	510	24	760
5	230	15	530	25	790
6	270	16	560	26	800
7	300	17	580	27	830
8	330	18	610	28	850
9	360	19	640	29	880
10	400	20	660	30	900

※　ある程度運動をし、日常生活を介助なしで送る犬。係数は、運動量に合わせて0.8～1.4の間の数値を掛ける。

おしっこ・うんちの回数・状態

おしっこの回数：24時間以内に1回以上

うんちの回数：1日1〜3回（運動量により異なる）

おしっこの状態：色→黄色くて透明

うんちの状態：色→ミルクチョコレートのような色

かたさ→やわらかすぎず、ドッグフード程度の硬さがある状態

体の状態

目：白目に黄疸（おうだん）や黒目に白い濁りがない状態（P68・70）

鼻：鼻水や鼻血が出ていない状態（P74・76）

体：せき→せきや口呼吸をしていない状態（P86・88）

被毛→左右対称の脱毛が（P80）

足腰→後ろ足を引きずったり、歩くときに首や腰が上下動していない状態（P94）

しこりがない状態（P102）

おわりに

本書の初版発行から7年が経ちました。その間コロナ禍もあり、我々の生活は大きな転換期を迎え、犬との生活にも変化をもたらしました。在宅時間の増加や地方への移住を決断したことで、犬を飼い始めた方も多いと聞きます。犬を飼うことはブームやファッションではありません。看取りを含めた一生涯の面倒を見る気持ちを持ってください。そのために、子犬の時からできることがあります。ライフスタイルに応じた、健康寿命を延ばす知識を学んで頂きたいと思います。

私と私の家族はこれまでに何度か経験していますが、家族の一員として生活しているペットの身体に好ましくない異変が生じた際には、『看取り』を意識せざるを得ません。その悲しい現実は月単位のこともあれば、疾病によっては年単位の猶予をもらえることもあります。悔いのない『看取り』は

現実にはなかなか難しいものです。飼い主さんの気持ちも揺れ動き、治療の選択が決められない場合もあります。どうしたら良いか分からなくなってしまうこともあります。その様な状況に直面したときには、是非とも本書を開いてください。

私の智識や経験が、本書を手にして頂いた皆様の一助になればと思い監修を引き受けさせて頂きました。

グラース動物病院　小林豊和

イヌのきもちと病気と介護がマルわかり

イヌの看取りガイド

増補改訂版

2023年11月 9日　初版第1刷発行

監修者　小林豊和（グラース動物病院統括院長）

発行者　三輪浩之

発行所　株式会社エクスナレッジ
〒106-0032
東京都港区六本木7-2-26
https://www.xknowledge.co.jp/

問合せ先　編集　Tel：03-3403-1381
Fax：03-3403-1345
info@xknowledge.co.jp
販売　Tel：03-3403-1321
Fax：03-3403-1829